Hans Nagel

Entwicklung und Geschichte der Kachelöfen und offene Kamine

disserta Verlag

Nagel, Hans: Entwicklung und Geschichte der Kachelöfen und offene Kamine, Hamburg, disserta Verlag, 2014

Buch-ISBN: 978-3-95425-856-7
PDF-eBook-ISBN: 978-3-95425-857-4
Druck/Herstellung: disserta Verlag, Hamburg, 2014
Covermotiv: © Uladzimir Bakunovich – Fotolia.com

Bibliografische Information der Deutschen Nationalbibliothek:
Die Deutsche Nationalbibliothek verzeichnet diese Publikation in der Deutschen Nationalbibliografie; detaillierte bibliografische Daten sind im Internet über http://dnb.d-nb.de abrufbar.

© disserta Verlag, Imprint der Diplomica Verlag GmbH
Hermannstal 119k, 22119 Hamburg
http://www.disserta-verlag.de, Hamburg 2014
Printed in Germany

Inhaltsverzeichnis

1. Einleitung

Wer heute vom „guten alten Kachelofen"
spricht, schwelgt meist in nostalgischer
Begeisterung. Aus Überlieferungen
wissen wir, welche wichtige Bedeutung
solch ein Prunkstück früher hatte. Es war
die einzige Wärmequelle im ganzen
Haus. Seine gemütliche Atmosphäre
lockte Mensch wie Tier an. Nicht selten
gab es Zank um die begehrten Plätze auf
der Ofenbank.

Die Urform der heutigen wärmespeichernden Öfen findet man in den
Pfahlbauten der Bronzezeit. Schon vor
4500 Jahren wurden diese Öfen im
süddeutschen Alpenvorland gebaut.[1]

Die Urform bestand aus einem walzen-
förmigen Steingebilde mit einem Ton-
nengewölbe aus Lehm als Oberbau.

Die Steine hatten schon damals die
Aufgabe, die Wärme zu speichern. Damit
war es dem Menschen erstmals gelungen, die Glut des offenen Feuers zu
bewahren und in Strahlungswärme
umzuwandeln. Ab dem 10. Jahrhundert
gewann der Lehm- oder Steinofen mit
dem Rauchabzug über einem eigenen
Schornstein an Bedeutung. Diese Öfen
sind gemauert und bestehen aus einem
kubischen Unterbau mit einem gewölb-
ten Oberbau. Solche über 1000 Jahre
alte Ofenformen sind heute noch in
Südtirol anzutreffen.[2]

Bild 1: Kachelofen

---

[1] Hebgen: Ratgeber Kachelöfen   S. 96

[2] Hebgen: Ratgeber Kachelöfen   S. 96

In der weiteren Entwicklung wurden Becher und Schüsseln aus Keramik zur Verbesserung der Heizwirkung eingesetzt. Daraus haben sich die ersten Ofenkacheln entwickelt. Als es den Töpfern gelang aus den runden keramischen Schüsseln quadratische Kacheln zu fertigen, war es möglich die Ummantelung des Kachelofens komplett aus Kacheln herzustellen.

Im Laufe der Jahrhunderte veränderte sich die Kachel mit den wechselnden Stilrichtungen, von der Gotik, über das Barock, Rokoko, Biedermeier bis in die heutige Zeit. Vor mehr als 500 Jahren setzte sich dann das Prinzip des Grundofens durch. Anfänglich wurde mit sehr einfachen Materialien gebaut wie z. B. Bachsteine und Lehm. Im Alpenraum wurde auch Speckstein verwendet.

Durch die zunehmende Erfahrung im Ofenbau wurde nicht nur eine Verbesserung in der Funktionsweise erzielt, sondern auch die Möglichkeiten der Gestaltung blieben nicht unerkannt.

Mit den üppigen Dekorationsformen des Barock war im 16. und 17. Jahrhundert eine Blütezeit des Ofenbaus erreicht. Allerdings war diese Form der verkachelten Öfen nur den reichen Bürgern vorbehalten.

Mit Beginn des Industriezeitalters geriet die traditionelle Bauweise immer mehr in Vergessenheit. Der massenhaft produzierbare Kachelofen mit einem Metalleinsatz wurde geboren. Mit der Entwicklung der Zentralheizung zu Beginn des 20. Jahrhunderts wurde der Kachelofen aus den Wohnzimmern der Menschen verdrängt.

Mit der Energiekrise der siebziger Jahre besann man sich seiner wieder als unabhängige Zusatz- und Übergangsheizquelle. Während der achtziger Jahre sorgte der Treibhauseffekt für Gesprächsstoff, um das Image von Holzheizungen zu verbessern wurde die CO_2-Neutralität des Holzes postuliert. Gleichzeitig entwickelte sich ein neues, verstärktes Bewusstsein für unsere Umwelt, der Wunsch nach mehr Lebens- und Wohnqualität stieg. Der Kachelofen wurde wieder ein fester und schöner Bestandteil innerhalb des Wohnbereichs. Zu diesem Zeitpunkt orientierte sich die Gestaltung und Form der Kachel noch überwiegend an der traditionellen Schüsselkachel. Nur langsam entwickelte sich ein, dem Zeitgeist entsprechendes, eigenes Kacheldesign.

Bild 2: Schüsselkacheln

Die Entwicklung des Kachelofens ist ein Stück Geschichte der Gestaltung, aber auch ein Stück Geschichte der Technik. Die Kachelofenbauer waren und sind auch weiterhin bestrebt neue Erkenntnisse der Wärmelehre und der modernen Feuerungstechnik im Kachelofenbau zur Anwendung zu bringen. Schon vor 500 Jahren gab es ein Bestreben dem Kachelofen eine gute technische und wirtschaftliche Innengestaltung in der Konstruktion zu geben. Das zeugte vom hohen handwerklichen und technischen Können des Kachelofenbauers.

Nach dem heutigen Stand der Technik wird der „Kachelofen" in den technischen Bestimmungen und Normen folgendermaßen definiert:

„Als ortsfeste Kachelöfen alle im Verwendungsort erbauten Öfen, die aus keramischen Baustoffen bestehen und die mit festen, gasförmigen oder flüssigen Brennstoffen sowie mit elektrischem Strom betrieben werden können."[3]

Die Definition lässt erkennen, dass der Begriff „ortsfester Kachelofen" sehr umfassend ist und damit auch die Anwendungsmöglichkeiten des Kachelofens sehr vielseitig sind.

Diese Definition möchte ich dieser Arbeit zugrunde legen und die Vielfalt sowohl im technischen als auch im gestalterischen Bereich des Kachelofens herausarbeiten.

1.1. Impressionen

Jeder kennt das unbeschreiblich schöne Gefühl: Draußen vor dem Haus auf einer Bank in der Sonne zu sitzen, an die warme Wand sich anzulehnen und zu entspannen, die Alltagssorgen vergessen und die Sonnenstrahlen „bis ins Herz" eindringen lassen, tief einatmen und das Glück richtig spüren.

Was diesen Augenblick ausmacht, ist die Strahlungswärme von Sonne und Hauswand. Sie durchwärmt den ganzen Körper und regt den Geist zum sensiblen Fühlen, zum positiven Denken und zum neugierigen Erleben an. Sie wirkt beruhigend auf Kreislauf und Nerven wie Labsal nach einem anstrengenden Arbeitstag.

Auch in der kalten Jahreszeit lässt sich dieses entspannende Gefühl erleben. Mit Hilfe eines Grundofens lässt sich eine

---

[3] Schiffert: Kachelofen 2000   S. 11

ähnliche milde Strahlungswärme erzeu-
gen, wie sie die Sonne abgibt.

Bild 3: Strahlungswärme

Der Grundofen ist die ursprünglichste Art
zu heizen und stellt nachweislich die
sparsamste und gesündeste Art des
Heizens mit Holz dar.

Die Holzscheite brennen auf dem Boden
des Ofens. Die dicken Ofenwände aus
feuerfesten Schamottesteinen nehmen
die ungestüme Energie des Feuers in
sich auf und geben sie langsam als milde
Strahlungswärme an den Raum ab.

Bild 4: Grundofen

Die Wärme des Rauchs wird in einem
Labyrinth aus gemauerten Zügen
ausgenützt.

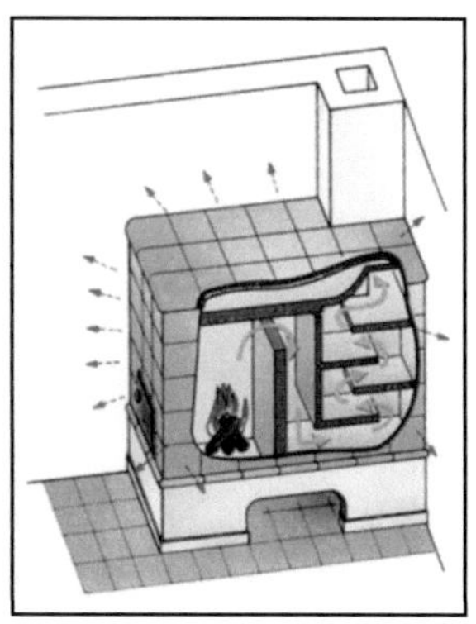

Bild 5: Schema Grundofen

Fast wäre der Grundofen in Vergessenheit geraten. Seit geraumer Zeit aber
entscheiden sich gerade junge Familien
wegen des besseren Raumklimas und
der unvergleichlichen Vorteile wieder für
die traditionelle Art des Heizens mit Holz
und somit für einen Grundofen.

Es gibt zwei Arten von Kachelöfen. So
genannte Warmluftkachelöfen, die die
Raumluft zum Heizen verwenden und die
bereits vorgestellten Grundöfen.

Ein Unterscheidungsmerkmal für Kachelöfen ist die Art und Weise, wie sie die
Wärme an den Menschen weitergeben.

Beim Warmluftkachelofen wird ein
Metalleinsatz aufgestellt und angeschlossen und mit Kacheln oder Mauerwerk
als optisch ansprechende Attrappe
umbaut. Der Metalleinsatz heizt sich
rasch auf und gibt seine Wärme, schon
nach kurzer Zeit, vorwiegend als heiße
Luft an den Raum ab. Die Funktionswei-

se kann mit der Heizung im Auto verglichen werden, die Wärmestrahlung spielt dabei eine untergeordnete Rolle. Es dominiert die auch gern als „schnelle Wärme" hochgelobte Konvektion mit den bekannten Nachteilen: hoher Energieverbrauch, kaum Speicherleistung, riechbar trockene, mit Hausstaub angereicherte, drückend heiße Luft. Folgeerscheinungen können ein heißer Kopf und kalte Füße sein.

Bild 6: Konvektion

Der Grundofen hingegen stellt die seit Jahrhunderten bewährte traditionelle Kachelofen-bauweise dar. Er hat keinen Metalleinsatz und keine Luftschlitze. Er wird von „Grund" auf aus schweren, keramischen Werkstoffen wie Schamotte, Speckstein oder Feuerbeton aufgemauert. Sie werden von Feuer und Rauch aufgeheizt und geben ihre Wärme vorwiegend als Strahlungswärme ab, ähnlich wie die Sonnenstrahlen auf der Bank vor dem Haus. Das Besondere an der Strahlungswärme ist, dass sie nur feste Körper erwärmt. Die Raumluft

kann sich deshalb nicht überhitzen und keinen Hausstaub aufwirbeln. Die Durchwärmung der Ofenmasse benötigt zwar etwas Zeit, dafür bleibt die Wärme aber für einen langen Zeitraum erhalten. Die kurze Aufheizzeit von Warmluftsystemen wird gerne überbewertet und die unangenehmen Auswirkungen von Konvektion auf Energieverbrauch und Wohlbefinden werden unterschätzt.

1.2. Entwicklung des Kachelofens

Hand in Hand mit der Wandlung der offenen Feuerstelle vollzieht sich auch die Entwicklung des Kachelofens. Wie bereits in der Einleitung erwähnt kann ein Backofen, bestehend aus einem Gewölbe von Lehm oder Lehmziegeln, als die Urform des Kachelofens angesehen werden. Dieser stand ursprünglich außerhalb des Hauses. Um seine wärmespeichernde Eigenschaft zu nutzen wurde er im Laufe der Zeit ins Haus verlegt. Aufgrund geschichtlicher Überlieferungen wird vermutet, dass ungefähr um das Jahr 700 zum ersten Mal Töpfe in Lehmöfen eingebaut worden sind.

Bild 7: Lehmofen

Anhand von Feststellungen wird der Ofen einer slawischen Herkunft zugeordnet. Daraus entwickelte sich der so genannte „Gewölbekachelofen", „Augenofen", „Duttenofen" oder der „Altdeutsche Kachelofen". Die damaligen Ofenerbauer benutzten die Kacheln bzw. Töpfe um den Ofen zu verschönern und eine höhere Wärmespeicherung zu ermöglichen. Dabei erkannten sie, dass sich durch den Einbau von Topfkacheln die Heizfläche vergrößert und somit eine bessere Wärmeabgabe erfolgt.

Die Kacheln und Töpfe wurden zur Verschönerung glasiert. Dabei bedienten sie sich der ältesten und einfachsten Töpferglasur, der Bleiglasur. Mit Kupfer ließen sich damals grüne Glasuren und mit Mangan braune Glasuren für die Veredelung der Kacheln nutzen.

In den meisten Fällen besaßen die Kachelöfen noch keine verschließbare Ofentüre. Es wurden hierfür so genannte Mauersteinverschlüsse angefertigt. Ein Stein wurde, nachdem das Holz abbrannte und die Rauchgase den Ofen verlassen hatten, in die Feuerungsöffnung eingesetzt. Dadurch wurde ein rasches Auskühlen des Ofeninneren verhindert und eine längere Wärmeabgabe erreicht.

2. Ofenkachel

Die Entstehungsgeschichte der Ofenkachel lässt sich bis in die Antike zurückverfolgen. Dabei machten sich einige Kulturvölker die hohe Feuerbeständigkeit und Wärmespeicherfähigkeit keramischer Materialien zu Nutze. So belegen 2500 Jahre alte Funde die Verwendung von Topf- und Schüsselkacheln, „caccabus"[4] genannt, zur Beschleunigung der Wärmeabgabe früherer Lehmöfen. Aus der Bezeichnung „caccabus" entwickelte sich im späteren Sprachgebrauch der Begriff „Kachel".

Was aber macht die Ofenkachel so besonders?

Die Kachel besteht durch und durch aus natürlichen Materialien. Grundbestandteil ist Ton, der fast überall in der Natur vorkommt. Dieser entsteht durch Verwitterung von Urgestein, also durch die Wirkung von Hitze und Kälte, Wasser und Eis, Wind und Bewegung. Ton besteht somit aus feinsten Teilchen wechselnder Zusammensetzung und Struktur, die auch unverwitterte Gesteinsreste wie Feldspat, Glimmer und Quarz enthalten.

Ausgesuchter Ton wird seit vielen Jahrhunderten für die Töpferei und die Herstellung von Ofenkacheln genutzt.

---

[4] Glöckel: Die Kachel S. 4

Auch heute noch wird die geschmeidige Masse aus Ton und Wasser von Meisterhand geformt und vielfältig gestaltet. In der Hitze des Feuers werden die getrockneten Teile gebrannt und erhalten damit Festigkeit und Härte.

Die besondere Fähigkeit der Ofenkachel besteht darin, Wärme aufzunehmen, zu speichern und allmählich wieder abzugeben.

Die Hitze des Feuers dringt in die Kachel ein und wird dort gespeichert. Ein Vorrat bildet sich, der über mehrere Stunden wieder gleichmäßig als Wärme an die Umgebung abgestrahlt wird.

Damit lässt das optimierte Kachelmaterial mit seiner moderaten Wärmeleitfähigkeit in der Regel ein unbesorgtes Anfassen des Kachelofens zu.

Ofenkacheln haben eine lange Tradition in der sie sich nicht nur mit ausgewogenen Eigenschaften als Wärmespeicher, sondern auch durch die Qualität der Oberflächen bewährt haben. Aufgrund der Oberflächenglasur widerstehen sie den täglichen Belastungen der Benutzung. Sie behalten für immer ihre originalen Farben. Dies sind typische Eigenschaften für qualitativ hochwertige Keramik-produkte.

Bild 8: Keramikkachel

Den formbaren natürlichen Tonmaterialien sind in ihrer Formenvielfalt kaum Grenzen gesetzt. Kunstvolle und aufwändige Gestaltung weisen auf hohes handwerkliches Können hin.

Bild 9: Eckbordüre

Aufgrund dieser vielfältigen Möglichkeiten lassen sich Kacheln für jeden Wohn- und Einrichtungsstil finden. Farbige Glasuren veredeln die Kacheloberflächen. Diese bewahren Individualität mit vielfach gezielt erzeugten, lebendigen Farbspielen und dem sich oft einstellenden „Krakelle-Effekt"[5].

Diese unregelmäßigen, unterschiedlich sichtbaren Linien sind typisch für einige Glasuren und stellen keinen Mangel dar, sondern bereichern die Oberflächengestaltung.

Bild 10: Krakelle-Effekt

Die schöne glatte Oberfläche der Ofenkachel verspricht einfache Pflege und leichte Reinigung. Die Glasur sorgt dafür, dass Schmutz immer auf der Oberfläche bleibt und von dort ohne großen Aufwand an Zeit und Mühe mit Wasser und Schwamm entfernt werden kann.

Bild 11: Ofenkachel

---

[5] Glöckel: Die Kachel S. 14

Die Ofenkachel ist ein Produkt, welches unter Verwendung von natürlichen Materialien, über Jahrhunderte hinweg bis in die heutige Zeit, nichts an seiner Beliebtheit verloren hat.

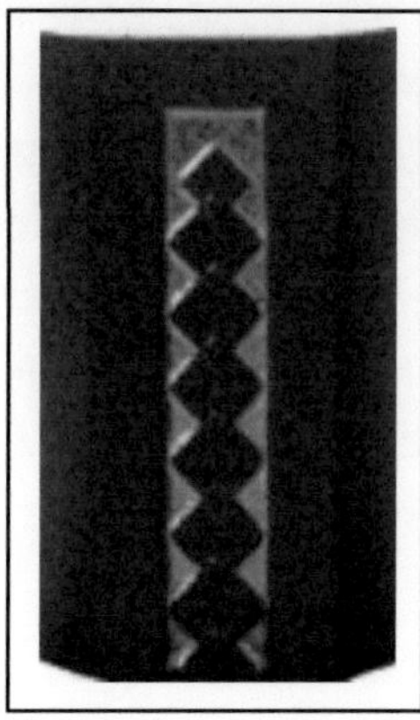

Bild 12: Eckkachel

Sie ermöglicht es dem Menschen seine individuellen Farb- und Formvorstellungen zu verwirklichen, seiner Liebe nach Traditionen nachzukommen und seinem Anspruch an Qualität zu entsprechen.

Bild 13: Ofenkachel

3. Kachelöfen in den einzelnen Stilepochen

Bei den folgenden Ausführungen zu den Stilepochen orientiere ich mich inhaltlich an den Ausführungen von Thomas Schiffert aus seinem Buch Kachelofen 2000 und an Heinrich Hebgen aus seinem Buch Ratgeber Kachelöfen.

Gotik (ca. 1200-1500)

Die Gotik bestimmte die Ofengestaltung durch eine edle Schlichtheit. Im Unterbau des Ofens wurden hauptsächlich grün glasierte vier- oder rechteckig abgeflachte Kacheln verbaut. Für den Oberbau wurden Nischenkacheln oder Reliefkacheln verwendet. Die Innenkonstruktion dieser Öfen war einfach. Sie verfügten meist über eine einfache Zuggestaltung und waren im unteren Bereich des Kachelofens an die Wand gebaut. Die Beschickung des Ofens erfolgte von der Schlotküche aus, worauf hin diese Öfen als Hinterlader bezeichnet wurden. Die Flammenführung sorgte für eine gleichmäßige Erwärmung der Kacheln sowohl im oberen als auch im unteren Teil des Ofens. Der Rauch zog durch das Feuerloch ab und wurde über den Rauchfang ins Dachgebälk abgeführt.

Renaissance (ca. 1500-1650)

In der Renaissance begann der Kachelofen den Anspruch eines edlen Möbels anzunehmen, denn das bildsame Tonmaterial ermöglichte es, sich mit unvergleichlicher Wirkung der jeweiligen Ausdrucksform anzupassen. Es wurden dafür sehr große und reich verzierte Kacheln verwendet. Allerdings wurde die Wirksamkeit dieser Kachelöfen außer Acht gelassen. Es wird angenommen, dass etwa 60 bis 70 Prozent des Heizwertes vom Brennstoff verloren gingen.

Manierismus (ca. 1600-1620)

Diese kurz andauernde Kunstepoche zeigte bereits Dekorationsformen an den Kachelöfen, die im anschließenden Barock fortgeführt wurden. Bei dieser Stilrichtung lässt sich ein großer Einfluss ausgehend von Italien beobachten.

Barock (ca. 1670-1750)

Die große Prachtentfaltung des Barock wirkte sich auch auf die gestalterische Entwicklung des Kachelofens aus. Im Gegensatz zur Renaissance wurde die Verbesserung der Innenkonstruktion forciert, besonders in der Zeit von 1700-1770 wurden große Fortschritte gemacht.

Friedrich der Zweite erließ im Jahre 1763 ein Preisausschreiben: „... auf einen

Stubenofen, so am wenigsten Holz verzehret."[6]

Er verfolgte dabei die Absicht, die unnötige Holzverschwendung einzudämmen. Ausgangspunkt war, dass die damaligen Kachelöfen ohne Züge gebaut wurden.

Rokoko (ca. 1725-1790)

Hier ist eine Unterscheidung zu treffen zwischen den bürgerlichen Öfen und den Kachelöfen, die für Gutsherren oder Fürstenhöfe bestimmt waren. Bei den Bürgern bestanden die Öfen häufig aus kleinformatigen Kacheln, die mit hellen Glasuren überzogen waren. Bei den Adeligen hingegen kamen großflächige Kacheln zum Einsatz. Um eine schnellere Wärmeabgabe zu erreichen, wurden gusseiserne Platten im Unterbau eingebaut. Es bestand die Auffassung, dass das Feuer nur abbrennen könne, wenn ihm genügend Luft zugeführt wird. Um die mit Gussplatten ausgestatteten Kachelöfen rauchdicht zu machen, wurden die Anschlüsse mit Ofenkitt abgedichtet. Dieser Ofenkitt bestand aus Lehm, Essig, Eiweiß, einer Kochsalzlösung und Rinderblut.

Im Ofenbau war mit dem Rokoko eine Kunstepoche zu Ende gegangen, die als letzte noch eigene ausgeprägte gestalterische Elemente aufwies.

Louis-Seize-Stil (ca. 1770-1790)

Während dieser Phase kamen Dekorelemente aus den orientalischen Kulturkreisen zum Einsatz. Die Kacheln wurden durchwegs mit weißen und goldenen Glasurfarben überzogen.

Klassizismus (1775-1850)

Die Zeitepoche des Klassizismus war bestimmt durch streng gegliederte Formen und die Erkenntnisse des Rokoko wurden übernommen. Somit wurden jetzt alle Öfen mit einem Rost angefertigt. Das Hauptaugenmerk richtete sich nun auf die Ausbildung von stehenden Rauchzügen.

Allerdings konnten manch gute Ansätze, aufgrund verschiedener Meinungen nicht umgesetzt werden. Trotzdem gelang den Kachelofenbauern um das Jahr 1790 ein Durchbruch. Mit dem so genannten Vorderlader war es möglich den Ofen direkt vom Zimmer aus zu beheizen.

Empire (ca. 1795-1815)

Diese kurze Kunstepoche kann als Höhepunkt des ganzen Klassizismus angesehen werden. Einen starken Einfluss auf diese Phase übte dabei die

---

Antike aus. Die Kachelöfen wurden überwiegend säulenförmig und mit ägyptischen Dekorelementen gestaltet.

Biedermeier (ca. 1825-1850)

Die Kachelöfen nahmen von ihrer Größe her wieder ab und erhielten zunehmend eine schmückende Ausgestaltung und zusätzlich aufgesetzte Schmuckformen wie z. B. Vasen. Zu dieser Zeit entstanden auch die ersten Vorläufer, der uns heute bekannten Warmluftöfen. Hierfür wurden Wärmeröhren aus Blech in den Kachelofen mit eingearbeitet, die zu einer rascheren und erhöhten Wärmeabgabe beitrugen.

Gründerzeit (ca. 1872-1895)

Diese Epoche hatte keinen eigenen markanten Stil, es wurden vielmehr Gestaltungsmittel vergangener Kunstepochen nachgeahmt. Die Öfen besaßen einen wuchtigen Unterbau und die Gesamthöhe betrug bis zu 2,80 m.[7] In dieser Zeit entstanden auch die so genannten „Berliner Öfen"[8], die anstatt der Wärmeröhren zierende Nischen hatten und komplett in einem einheitlichen deckenden weißen Farbton farblich gestaltet wurden.

In der zweiten Hälfte des 19. Jahrhunderts entstanden noch weitere Perioden wie die Neugotik gefolgt vom Spätklassizismus und der Neuromanik.

Jugendstil (ca. 1895- 1910)

Diese kurze, aber ausgeprägte Kunstepoche hat es sich zum Ziel gemacht, sich kompromisslos von vorausgegangen unschöpferischen Stilnachahmungen zu lösen. Von der Struktur her orientierten sich die Kachelöfen im Wesentlichen an den Bauformen des Spätklassizismus.

3.1. *Weitere Entwicklung*

Die technische Weiterentwicklung und Formentwicklung des Kachelofens stagnierte in der ersten Hälfte des 19. Jahrhunderts. Die Handwerksarbeit bei der Herstellung der Ofenkacheln wurde zurückgedrängt und eine Industrialisierung des Ofenbaus setzte mit einer Ofenindustrie um 1857 in Meißen ein. Durch die vorherrschende Serienproduktion wurden Inhalt und gestalterische Form des Kachelofens bestimmt. Ende des 19. Jahrhunderts gelang es mit Heizeinsätzen die Steinkohle im Kachelofen zu verfeuern.

Erst um 1910 wurde die Entwicklung im Bereich der Anordnung von stehenden

---

[7] Hebgen: Ratgeber Kachelöfen S. 98
[8] Hebgen: Ratgeber Kachelöfen S. 98

und liegenden Zügen wieder vorange-trieben.

Im Jahre 1925 folgte die Einführung eines verbindlichen DIN-Maßes „22", das ein Kachelmaß von 22 cm vorschreibt. Daraufhin wurden Zubehörteile wie Fülltüre, Roste und Rahmen genormt. Diese wurden alle in die Reichsgrundsätze für den Kachelofenbau aufgenommen und am 20. Juni 1926 für verbindlich erklärt. Zu dieser Zeit entstanden auch viele Sonderkonstruktionen wie Gaskachelöfen, die sowohl für Kohlen- als auch für Gasheizung eingerichtet waren. Elektrokachelöfen erweiterten das Spektrum.

Durch den Zweiten Weltkrieg wurde viel zerstört und die Kachelofenbauer waren vordergründig mit der Wiederinstandsetzung beschädigter Öfen beschäftigt. Aus dieser vorherrschenden Notlage der damaligen Zeit war es wichtig, Öfen zu konstruieren, die alle zur Verfügung stehenden Brennstoffe verwerten konnten.

Zudem wurde jetzt der Wirkungsbereich der Strahlung näher untersucht, der bis zu diesem Zeitpunkt keine Rolle gespielt hatte. Daraus haben sich die Grundkachelöfen und Kachelgrundöfen entwickelt.

Unsere heutigen Kachelöfen sind gestalterisch gesehen nicht an den vorherrschenden Baustil gebunden, sie werden vielmehr nach dem persönlichen Geschmack oder allgemeinen ästhetischen Regeln geschaffen.

Der Kachelofen hat somit in der langen Zeit seiner Verwendung eine Reihe von Veränderungen erfahren, die nicht nur seine äußere Gestaltung betreffen, sondern vor allem seine verschiedenartige Ausbildung der Feuerung und Ausbildung der Rauchgaszüge. Diese Entwicklungsschritte lassen sich nicht nur auf die Anpassung neuer Brennstoffe wie Kohle, Briketts, Öl, Gas oder Strom zurückführen, sondern auch auf die Forderung eines sparsamen und bedienungsfreundlichen Kachelofens.

Die Entwicklung der Kachelofen-Warmluftheizungen haben hinsichtlich ihrer Wirkungsweise ein sehr altes Vorbild, die Hypokausten-Heizung der alten Römer. Hierbei handelt es sich um Hohlräume, die senkrecht und waagerecht in Wänden und Fußböden angeordnet waren und mit warmer Luft durchspült wurden. Dies erforderte ein ausgeklügeltes Luftzirkulationsprinzip. Die hierfür nötige warme Luft wurde durch einen Ofen außerhalb der zu erwärmenden Räume erzeugt.

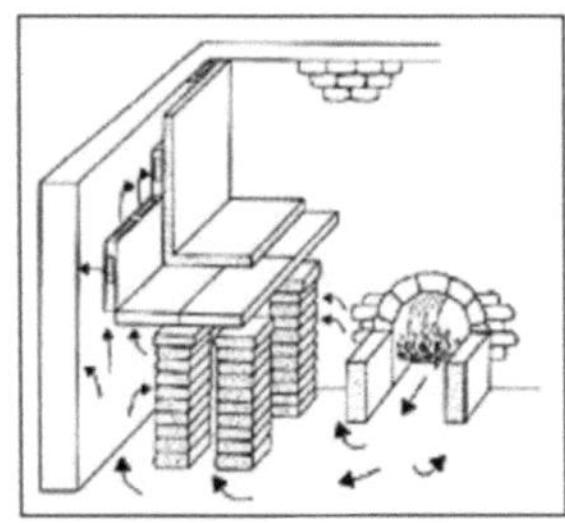

Bild 14: Schema einer römischen Hypokaustenheizung

In Anlehnung an dieses historische Heizsystem ist auch die moderne Hypokauste ein Holzbrandsystem, in dem die Luft erwärmt wird, die innerhalb eines groß-flächigen, geschlossenen Hohlkörpers, etwa einer Wandfläche oder Rundsäule, thermisch zirkuliert. Der Hohlkörper wird erhitzt und gibt nach kurzer Aufheizzeit wohltuende Strahlungswärme an den Raum ab. Zentrales Element der Hypokaustenanlage ist dabei der Heizeinsatz, von dem aus die heißen Rauchgase durch ein Wärme speicherndes Zugsystem, den Speicherblock, strömen und diesen erwärmen. Der Heizeinsatz und der Speicherblock werden dabei mit einer trennenden Luftschicht zum äußeren Ofenmantel gesetzt. Wenn sich dieses Luftvolumen erhitzt entwickelt sich eine Thermik, die das großflächige Wandelement hinterspült und erwärmt.

Die Kachelofenheizung lässt sich heute technisch gesehen in folgende Gruppen einteilen:

a) Kachelöfen mit Dauerbrandeinsatz und nachgeschalteten Zügen

Dazu gehören auch:

- Kachelofen-Mehrraumheizung bzw.
- Kachelofen-Warmluftheizung
- Warmluftheizung mit Heizquelle im Keller und Abwärmekachel-öfen in den einzelnen Zimmern

b)
Vollkachelofen oder Grundofen mit und ohne Rost und nach geschalteten Zügen

c)
Kachelstrahlungsöfen mit Schamotteeinsatz

d)
keramische Elektrospeicheröfen

4. Brennstoffe

In der Kleinfeuerungsanlagenverordnung ist der Einsatz von Brennstoffen für Haushaltsfeuerstätten geregelt. Danach sind die im Folgenden genannten Energieträger als Brennstoff zugelassen. Braunkohlenbriketts sind seit vielen Jahren als traditioneller Brennstoff bekannt. Die zerkleinerte und getrocknete Braunkohle wird dabei unter hohem Druck zu Briketts geformt, ohne Verwendung von zusätzlichen Bindemitteln. Braunkohlenbriketts haben eine konstante und definierbare Qualität, welche auf den Rohstoff und den Produktionsablauf zurückzuführen ist. Strenge Qualitätskontrollen garantieren dem Verbraucher ein hochwertiges Produkt.

Einen weiteren idealen Brennstoff stellt naturbelassenes Holz dar. Es ist regenerierbar und enthält weder Schwefel noch Schwermetalle und verbrennt in modernen Holzfeuerungsanlagen sauber und CO_2-neutral.

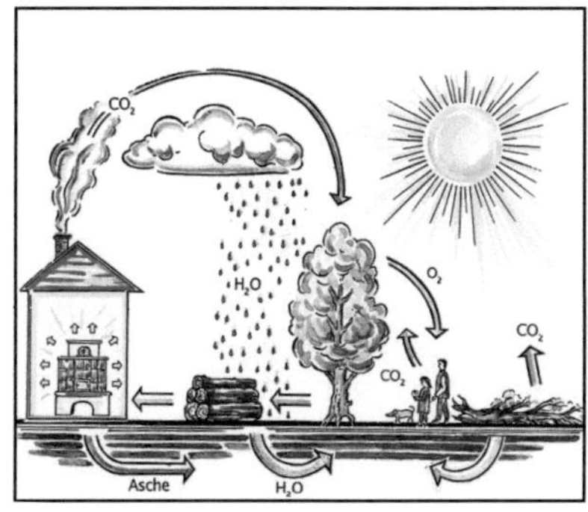

Bild 15: CO₂-Kreislauf

Positiv ist auch, dass unseren bedrohten Wäldern durch die Entnahme von Brennholz keinerlei Schaden zufügt wird. Im Gegenteil! Brennholz ist ein Nebenprodukt der Waldwirtschaft, das bei der waldbaulich notwendigen Pflege anfällt. Die durch den Verkauf erzielten Einnahmen stellen eine Entschädigung für den Pflege- und Erhaltungsaufwand der Wälder dar.

Allerdings ist nur trockenes Holz gutes Brennholz. Holz sollte deshalb getrocknet und abgelagert werden, um bessere Brennwerte zu

bekommen. In der 1. BImSchV (Bundesimmissionsschutz-verordnung) wird Holz mit einer Restfeuchte von 20 Prozent als „lufttrockenes Holz" bezeichnet.

In Verbindung mit dem niedrigeren Heizwert von feuchtem Holz gegenüber trockenem Holz, steigt auch die Kohlenmonoxid-emission beim Verbrennen von nassem Holz.

Bei einer Versuchsmessung von zwei gleichen Mengen Holz, einmal mit 10 Prozent Restfeuchte und einmal mit 33 Prozent Restfeuchte, wurden beim Verbrennen in einem Heizkamin folgende Ergebnisse erzielt:

Das trockenere Brennholz hat eine Leistung von 11,8 KW und einen Wirkungsgrad von 70,8 Prozent bei einem CO_2-Ausstoß von 0,34 Prozent (Bezug 13 Prozent Sauerstoff).

Das nasse Brennholz hingegen erbringt einen Wirkungsgrad von 56,6 Prozent bei einem CO_2-Ausstoß von 0,93 Prozent (Bezug ebenfalls 13 Prozent Sauerstoff).[9] Nasses Holz hat somit nahezu einen dreifach höheren Kohlenmonoxid-Ausstoß gegenüber trockenem Holz. Das trockene Holz erzielt auch einen höheren Wirkungsgrad, als das nasse Holz, weil der Verbrennungsvorgang nicht durch im Holz eingeschlossene Feuchtigkeit gestört wird.

Bedingt durch die spezielle Bauart eines Grundofens ist er für eine Wärmeabgabe über einen längeren Zeitraum konzipiert, auch nachdem das Feuer schon erloschen ist. Auf diesen Effekt muss man bei den Warmluftsystemen verzichten wie bei dem Warmluftkachelofen, Dauerbrandofen und Dauerbrandherd. Diese Modelle sind für den Dauerbrand ausgelegt und zugelassen. Mit dem Brennstoff Holz ist dies aber nur schwer zu bewerkstelligen, weil Holz für eine saubere Verbrennung schnell abbrennen muss und deshalb ständiges Nachlegen notwendig ist. Das wiederum verlangt eine arbeits- und platzintensive Bevorratung von Brennmaterial.

Die Kombination von Holz und Kohle stellt eine Möglichkeit dar längere Dauerbrandphasen, z. B. über Nacht, zu überbrücken. Die vorwiegend aus Braunkohle gewonnenen Briketts erfüllen die geforderten Voraussetzungen an den Umweltschutz und ermöglichen in modernen Heizeinsätzen einen wirkungsvollen sowie sauberen Heizbetrieb. Zu berücksichtigen ist, dass die Öfen für den Kohledauerbrand zugelassen sind und richtig bedient werden. Offene Kamine und Kaminöfen sind grundsätzlich nicht dafür geeignet.

Um häusliche Feuerstätten nicht als private Müllverbrennungsanlagen zu missbrauchen und die Umwelt zu schädigen, hat die 1. BImSchV (Bundesimmissionsschutzverordnung) eine Liste erstellt, was in Grund- und Kachelöfen, Heizkaminen, etc. verbrannt werden darf.

Als Brennstoffe sind zugelassen:

- ➢ Steinkohle (Anthrazit Nuss 2 und 3)
- ➢ Steinkohle (Ruhrkohlenbrikett groß und klein)
- ➢ Steinkohlenkoks (Ruhrkoks 3 und 4)
- ➢ Braunkohlenbriketts

---

[9] Bauherren-Ratgeber: Kamine und Kachelöfen S. 24

- ➢ trockenes, naturbelassenes, stückiges Holz einschließlich anhaftender Rinde
- ➢ Pellets
- ➢ Heizöl EL
- ➢ Erdgas und Flüssiggas

Nicht verfeuert werden dürfen:

- ➢ Holzverarbeitungsreste
- ➢ Spannplatten
- ➢ Faserplatten
- ➢ mit Holzschutzmittel behandelte Hölzer
- ➢ Sperrholz
- ➢ Eisenbahnschwellen
- ➢ Bauholz wie Schaltafeln, Balken und Bretter
- ➢ Pappe und Verpackungsmaterial
- ➢ Holz, das bei der Nutzung Schadstoffe aufnehmen konnte

Diese Auflistung, der nicht zugelassenen Brennstoffe ist nicht als abschließend zu betrachten.

Ein weiterer geeigneter Brennstoff sind Pellets. Sie wurden anfangs belächelt und es wurden ihnen keine Zukunftschancen als konkurrenzfähiger Brennstoff eingeräumt. Allerdings hat sich die Sachlage verändert.
In einem Zeitraum von zehn Jahren hat sich der „Krümel" in Deutschland zu einem bekannten und anerkannten Brennstoff entwickelt.

In anderen Ländern sind Pellets schon länger auf dem Vormarsch. In den Vereinigten Staaten zum Beispiel werden jährlich mehr als 16 Millionen Tonnen Holzpellets zum Heizen verwendet.[10] Dort ist die Holzpelletsfeuerung bereits seit den siebziger Jahren weit verbreitet. Ähnlich sieht es in Schweden und Österreich aus.

Seit den neunziger Jahren sind Pellets auch in Deutschland bekannt was auch durch die Aufnahme in die 1. BImSchV begünstigt wurde.
Sie bestehen aus Sägespänen, einem Abfallprodukt der holzverarbeitenden Industrie, die unter hohem Druck ohne Zusatz von Bindemitteln verpresst werden. Durch diesen Vorgang wird das Ausgangsmaterial veredelt. Durch geringen Energieaufwand wird so ein höherer Brennwert von 5,3 kWh/kg im Vergleich zu Stückholz erzielt.[11] Eine niedrige Restfeuchte von maximal 10 Prozent ermöglicht eine besonders schadstoffarme Verbrennung.

---

[10] Bauhrren-Ratgeber: Kamine und Kachelöfen S. 28
[11] Bauherren-Ratgeber: Kamine und Kachelöfen S. 28

Die Presslinge haben einen Durchmesser von etwa 5 mm und eine Länge von zirka 1-2 cm. Es ist darauf zu achten, dass Pellets nur in den dafür hergestellten Primär- oder Pelletöfen verwendet werden. Für normale Öfen, die für den Abbrand von Holz und Kohle ausgelegt sind, können Pellets, aufgrund ihrer großen Oberfläche nicht verbrannt werden. Es würde sich kein Feuer entzünden, sondern ein Schwelbrand mit Qualmbildung entstehen. Holzpellets sind als Sackware mit 15-25 kg, in so genannten Big-Packs mit 800 kg oder als lose Ware per Silozug zu beziehen.

Bild 16: Holzpellets

Neben Holz, Kohle und Pellets kommen auch Öl und Gas für Kachelöfen zur Anwendung. Allerdings ist hierfür eine völlig andere Technik notwendig und der Charme, der Duft und die Harmonie von knisterndem Holz geht verloren.

Heizöl wird aus Erdöl gewonnen – einem fossilen Energieträger. Da die Erdölreserven beschränkt sind, würden bei momentaner Förderung die Vorräte noch zirka 40 Jahre ausreichen.[12] Erdöl wird aber nicht nur zur Gewinnung von Heizöl verbraucht, sondern es dient einem breiten Anwendungsspektrum in der Industrie. Darüber hinaus hat Erdöl ein negatives Image, da der Transport sehr schwierig ist und es regelmäßig zu Unfällen bei Tankerschiffen oder hohen Förderungsverlusten durch undichte Pipelines kommt.

Aber nicht nur dadurch wird die Umwelt belastet, sondern auch durch den hohen Energieaufwand, der nötig ist, um das Erdöl zu veredeln.

Durch die Energiefreisetzung von Heizöl beim Verbrennungsvorgang werden Schadstoffe wie Schwefeldioxid freigesetzt. Im Jahre 2002 produzierten die privaten Haushalte in Deutschland rund 200.000 Tonnen giftiges Schwefeldioxid. Die energiebedingten CO_2-Emissionen durch Erdölverbrauch betrugen insgesamt im gleichen Jahr schätzungsweise 350 Millionen Tonnen.[13]

Im Handel sind neben den herkömmlichen Ölöfen in erster Linie Kachelofeneinsätze, die für den Einsatz von Heizöl geeignet sind, zu erhalten.

---

[12] http://www.politikforum.de/ forum/showthread.php?threadid=14719 10.05.2005
[13] Bauherren-Ratgeber: Kamine und Kachelöfen S. 32

Vorteilhaft ist der hohe Bedienkomfort, den solche Anlagen bieten im Vergleich zu der Ofenbeschickung mit Scheitholz. Die ölbetriebenen Kachelofeneinsätze arbeiten im Normalfall vollautomatisch über eine Uhren- oder Raumthermostatregelung.

Bei Erdgas sieht die Situation ähnlich aus wie bei dem Primärenergie-träger Erdöl. Dessen Bestände werden bei momentaner Förderung noch zirka 60 Jahre ausreichen.[14] Auch hier entweicht sehr viel Erdgas beim Transport durch Lecks in den Gaspipelines. Methan ist der überwiegende Bestandteil von Erdgas und ebenso wie Kohlendioxid ein schädliches Treibgas, das die Ozonschicht zerstört. Die energiebedingten Kohlendioxid-Emissionen, die bei der Verbrennung von Erdgas freigesetzt werden, betrugen im Jahre 2001 rund 150 Millionen Tonnen.[15]

Erdgas wird aber dennoch als der sauberste fossile Energieträger angesehen. Die heutige moderne Heiztechnik und neue Brennwerttechnik verbrennt das Erdgas sehr schadstoffarm unter einem extrem hohen Wirkungsgrad.

Der Bedienkomfort gestaltet sich ähnlich wie bei den Öleinsätzen.

Mit Gas lässt sich selbst das Flammenbild eines Holzbrandes nachahmen. Sogar das markante Flammenschlagen kann durch ein dem Brenner zugeleitetes Gas-Luft-Gemisch erzielt werden. Das Gemisch sucht sich dabei immer wieder einen neuen Weg durch ein Asche-Imitat. Dadurch wirkt die Flamme nie statisch.

Elektrizität stellt die letzte Alternative dar, um Kachelöfen zu betreiben. Strom ist nicht als Rohstoff vorhanden, sondern wird aus Primärenergie erzeugt was eine schlechte Ökobilanz nach sich zieht. Zur Stromerzeugung werden nur kaum regenerierbare fossile Energieträger verbraucht. Der überwiegende Stromanteil wird immer noch durch Kernkraftwerke abgedeckt. Zunehmend wird bei der Stromerzeugung auch auf regenerierbare Energiequellen wie Wind-, Sonnen- und Wasserenergie gesetzt.

Aktuell unterstützt die Bundesregierung auch den Bau von Bio-Gasanlagen in der Landwirtschaft. Hier kann das entweichende Methangas bei der biochemischen Zersetzung, von z. B. Mais, zur Herstellung von Strom genutzt werden.

Auf den niedrigen Gesamtwirkungsgrad des Stroms wirkt sich aber nicht nur der

---

[14] http://www.politikforum.de/ forum/showthread.php?threadid=14719 15.05.2005
[15] Bauherrn-Ratgeber: Kamine und Kachelöfen S. 32

hohe Energieaufwand bei der Stromer-
zeugung aus, sondern auch die hohen
Leitungsverluste beim Transport von
Strom sind in die Bilanz mit einzubeziehen.

Rationell gesehen ist ein mit Strom
beheizter Kachelofen eine sehr bequeme
Wärmequelle. Die Geräte haben vergleichsweise niedrige Anschaffungskos-
ten und es entfallen sowohl Kamin als
auch die damit verbundenen Reini-
gungskosten des Kaminkehrers. Von
einem Lagerraum kann gänzlich abgese-
hen werden, weil Strom über Steckdosen
im ganzen Haus bezogen werden kann.

Strom ist zwar vergleichsweise teuer,
doch lässt sich in Verbindung bestimmter
Geräte der günstigere Nachtstrom
nutzen. Bei der Kachelofentechnik gibt
es hierzu Elektro-Nachtspeicher. Der
Kern besteht dabei aus einem Elektro-
Blockspeicher der von Kacheln ummantelt ist und die erzeugte Wärme durch
Strahlung und Konvektion an die Umwelt
abgibt.

Bild 17: Elektroofen

Bild 18: Elektrokachelofen

5. Überblick Warmluft-Kachelofen

Ein Warmluft-Kachelofen funktioniert im Prinzip wie ein elektrischer Gebläseheizer. In einen Hohlköper wird die Raumluft eingesaugt. Dort befindet sich eine Wärmequelle, die die Raumluft erhitzt und durch definierte Luftöffnungen im oberen Bereich des Hohlkörpers in den Raum geleitet wird. Außen ist er mit Kacheln verkleidet oder kann mit verputzten Flächen und anderen Details frei gestaltet werden. Im Inneren des Ofens steht ein so genannter Heizeinsatz. Über eine kleine Öffnung gelangt die Raumluft in den Hohlkörper des Kachelofens.

Im gusseisernen Heizeinsatz werden Holz oder Briketts verbrannt. Als Alternative gibt es auch Heizeinsätze, die mit Heizöl oder Erdgas befeuert werden können. An dem heißen Heizeinsatz erwärmt sich die Luft und wird über Lüftungsschlitze dem Raum zugeführt.

Bild 19: Schema eines Warmluftofens

Der heiße Rauch wird durch ein Rohr abgeleitet, aber nicht gleich dem Schornstein zugeführt. Schließlich soll er nicht den Schornstein, sondern die Luft im Hohlkörper, also im Kachelofen, erwärmen. Deshalb werden die Heizgase, d. h. der Rauch, zur Erhöhung des Wirkungsgrads durch einen Nachheizkasten geleitet.

5.1. Genaue Betrachtung der Kachelofen-Warmluftheizung

Aus dem „guten alten Kachelofen" haben sich moderne Heizsysteme für den privaten Hausgebrauch entwickelt.

Gründe dafür sind die wechselnden und gehobenen Ansprüche der Bauherren. Für unsere schnelllebige Zeit sind die herkömmlichen Kachelöfen viel zu träge. Sie benötigen eine lange Aufheizzeit bis sie ihre Wärmewirkung freisetzen. Obwohl sie nach dem Erlöschen des Feuers ihre Wärme in ihren keramischen

Massen je nach Größe und Ausbau zwischen 8 und 12 Stunden speichern können, wurden sie in unserer Gesellschaft zurückgedrängt.

Der Wunsch nach Heizsystemen mit einer kurzen Aufheizphase wurde laut und die Wärmespeicherfähigkeit verlor an Bedeutung. Ursache dafür dürfte wohl die Tatsache sein, dass die Wohnhäuser oder vielmehr die Zimmer nur für wenige Stunden am Tag genutzt werden und man den Rest der Zeit an anderen Orten verbringt. War doch früher noch der Raum, in dem der Kachelofen stand, der zentrale Platz, wo sich das ganze Familienleben abspielte.

Falls die Speicherfähigkeit gänzlich vernachlässigbar ist, bietet sich die Möglichkeit eines Warmluftofens. Dieser kann, je nach Bauart und Ausführung, dafür konzipiert werden mehrere Räume oder sogar ganze Etagen mit Wärme zu versorgen. Dabei dient die Raumluft als unmittelbarer Wärmeträger. Der Ofen besteht aus einem Gusseinsatz und einem Nachheizkasten aus Stahlblech. Die Raumluft tritt unter dem Ofensockel ein, wird an dem Heizeinsatz zur Erwärmung vorbeigeführt und steigt dann nach oben. Über regelbare Warmluftgitter kann die Abgabe der warmen Luft in den Raum dosiert werden.

Bild 20: Warmluftofen mit Lamellengitter

Falls der Warmluftofen im Keller zum Einsatz kommt, muss der Heizeinsatz mit einer wärmegedämmten Heizkammer umbaut werden. Aus Brandschutzgründen sind auch die Decke und die Gebäudewände zu dämmen.

Ein anderes Bedürfnis besteht nach einer Heizungsart die sowohl schnell Wärme liefert als auch länger anhaltende Wärmewirkung zeigt. Eine solche Möglichkeit bietet die Kachelofen-Warmluftheizung. Sie ist, wie der Name schon sagt, eine Kombination eines Kachelofens und eines Warmluftofens. Die Funktionsweise ist folgerichtig ähnlich wie beim Warmluftofen.

Es kommen allerdings die Vorzüge des Kachelofens mit zum Zuge. Es handelt sich hierbei um ein Heizsystem, bei dem dynamische Wärmeabgabe durch konvektive Warmluftbildung und konstantes Wärmeverhalten in der Art der Wärmestrahlung gekoppelt ist. Es bietet wie der Warmluftofen die Gelegenheit mehrere Etagen und Räume mit Wärme zu versorgen. Vom Charakter her kann sie als Zentralheizung bezeichnet werden, weil sie von einer zentralen Stelle im Haus als Mehrraumheizung wirkt.

Bei der Kachel-Warmluftheizung erfolgt die Luftführung sowohl bei der Zuluft als auch bei der Abluft ähnlich der des Warmluftofens. Die Zuluft wird zusätzlich zum Nachheizkasten auch an keramischen Nachheizflächen vorbeigeführt. Die Keramikflächen werden durch den Gussheizeinsatz erwärmt und sorgen für die höhere Speicherfähigkeit des Ofens. Auch bei den Austrittsöffnungen der Warmluftströmung besteht die Möglichkeit keramische Kacheln an den Wänden anzubringen, um somit die Wärmespeicherung zu erhöhen.

Bild 21: Kachelwarmluftofen

Die Wärmeverteilung erfolgt über Verteilungskanäle. Im Normalfall erfolgt die Umwälzung der Luft durch die Schwerkraft in Verbindung mit dem natürlichen Auftrieb der wärmeren Luft. Es besteht auch die Möglichkeit einen Ventilator unter dem Heizeinsatz zu montieren, um somit die warme Luft auch waagerecht zu verteilen. Die geringe Erwärmung der Luft wird durch die höhere Geschwindigkeit und den größeren Luftumsatz kompensiert. Durch das Ventilator-System wird gewährleistet, dass auch entfernter gelegene Räume zuverlässig beheizt werden.

Abhängig von der Gestaltung der Ofengröße variiert die Gesamtwärmeabgabe im Verhältnis von zirka 60 bis 70 Prozent Konvektions- und 30 bis 40 Prozent Strahlungswärme. Der Strahlungsanteil lässt sich durch den Einbau von keramischen Heizgaszügen anstelle eines Nachheizkastens erhöhen.

Aufgrund der überwiegend erzeugten Konvektionswärme sollte darauf geachtet werden, dass das Heizsystem nicht unnötig viel Staub aufwirbelt. Deshalb empfiehlt es sich die Heizkammer und die Warmluftkanäle regelmäßig zu reinigen.

Im Unterschied zur Leistung fällt der Wirkungsgrad des Warmluftofens mit 75 bis 82 Prozent geringer aus als der des Grundofens, der ebenfalls mit Festbrennstoffen betrieben wird. Mit Öl- oder Gasheizeinsätzen ist es möglich Wirkungsgrade bis zu 92 Prozent zu erzielen.[16]

Vor- und Nachteile von Kachelofen-Warmluftheizungen

Vorteile:

- kurze Anheizphase – dadurch volle Nutzung der Räume bereits 20 bis 30 min nach Aufheizbeginn
- geringer Aufwand bei Bedienung und Ascheentleerung bei Mehrraumanlagen gegenüber mehreren Grundkachelöfen gleicher Leistung
- geringes Eigengewicht der Anlage – dadurch geringe Deckenbelastung bei guter Lastverteilung
- niedrigere Kosten bei Mehrraumanlagen gegenüber mehreren Grundkachelöfen gleicher Leistung
- gute Regulierbarkeit in der Leistung der Anlage sowie Anpassung an den Wärmebedarf des Raumes und an die individuellen Wärmebedürfnisse der Nutzer
- wechselseitiges Beheizen der Räume durch Zu- oder Abschalten, der durch

Warmluftschächte verbundenen Zimmer
- Ausnutzung kleinster Flächen bei bloßer Anordnung des Warmluftaustritts und der Kaltluftrückführungsöffnung
- gestalterische Vielfalt von Formen und Anwendung unterschiedlicher Baustoffe und Verzierungselementen
- keine Verschmutzung von Räumen bei Bedienung und Entaschung vom Nebenraum oder vom Keller aus

Nachteile:
- weniger Speicherfähigkeit, zirka 60 Prozent gegenüber Grundkachelöfen
- Schallübertragung, vor allem in Nebenzimmern, die mit der Heizung und durch Luftschächte und -kanäle mit darüber angeordneten Zimmern verbunden sind
- erhöhte Staubablagerung und Raumverschmutzung, bedingt durch größere Luftzirkulation
- geringeres Wohlbehagen durch Zuglufterscheinungen

Die Art der Wärmeverteilung des Warmluftofens sorgt gerade bei Allergikern für gesundheitliche Probleme, da die zirkulierende Luft extrem staubhaltig und trocken ist. Staub setzt sich aus anorganischen Bestandteilen zusammen wie Sand, Asche, usw. und aus organi-

---

[16] Hebgen: Ratgeber Kachelöfen S. 34

schen Teilchen wie z. B. Pflanzenfasern, Haaren, Samen und Kohle. Der Staub wird durch die strömende Luft und die Lüftungskanäle verteilt.

Beim Ventilatorbetrieb ist es möglich, Luftfilter zur Reinigung der Frisch- bzw. Umluft kaltluftseitig einzubauen. Eine hygienische Forderung besagt, dass die Zuluft nicht mehr als 0,5 mg Staub je m^3 Luft enthalten darf.[17] Deshalb ist besonders darauf zu achten, dass bei allen Kachelofen-Warmluftheizungen in der Heizkammer, in den Luftschächten und -kanälen sich möglichst wenig Staub ablagern kann und dass genügend gut zugängliche Reinigungsöffnungen bestehen. Grundsätzlich gilt die Devise:

Es kann nur so viel Staub umhergewirbelt werden, wie liegen gelassen wird.

5.2. Funktion

Voraussetzung für alle Betriebsweisen ist ein geschlossener Luftkreis, d. h. wird einem Raum Warmluft zugeführt, muss auch eine Öffnung zum Abströmen der abgekühlten Luft vorhanden sein. Ansonsten wäre ein Überdruck die Folge, der allmählich zum Druckausgleich führt und jegliche Wärmeströmung und damit auch eine Wärmewirkung verhindern

würde. Diesem Effekt kann durch mehrere Möglichkeiten vorgebeugt werden:

Beim Umluftprinzip erfolgt die Rückführung der abgekühlten Raumluft über den Flur, die Diele, das Treppenhaus oder durch dafür vorgesehene Rückluftkanäle zur Wärmequelle, dem Heizeinsatz. Hierbei findet keine Lufterneuerung statt. Die abgekühlte Luft wird erneut erwärmt und der Vorgang wiederholt sich.

Eine andere Möglichkeit bietet das Frischluftprinzip. Hierbei wird die Abluft über Abluftschächte ins Freie geleitet, falls keine ausreichende natürliche Entlüftung vorhanden ist. Der Heizkammer der Kachelofen-Warmluftheizung wird nun von außen Frischluft zugeführt. Dieses System dient dazu die Luftqualität zu verbessern und ist hygienisch gesehen von Vorteil. Allerdings ist hierfür ein höherer Energieaufwand, im Vergleich zum Umluftprinzip (bei der die Temperaturdifferenz geringer ausfällt) nötig, um die kalte Außenluft zu erwärmen.

Eine Kombination von beiden genannten Varianten bildet die Frisch-Umluftheizung. Hierbei wird die Umluft mit Frischluft vermischt. Dazu ist eine

---

[17] Pfestorf: Kachelöfen und Kamine handwerksgerecht gebaut S. 68

technische Erweiterung durch den Einbau einer Mischstrecke vor der Heizkammer notwendig.

Das Heizsystem einer Kachelofen-Warmluftheizung bietet somit die Gelegenheit, Räume direkt mittels Strahlungsheizflächen der Heizkammer oder indirekt durch Warmluft zu beheizen. Die Luftbewegung sollte dabei nicht als unangenehm empfunden werden. Deshalb sollte für ein behagliches Raumklima die Lufttemperatur nur um 2° C höher sein als die Temperatur der umgebenden Wände.

5.3. Umwandlung von Strahlungs- in Konvektionswärme

Beim Betreiben von Kachelofen- Warmluftheizungen stellt sich die Umbildung von Strahlungs- in Konvektionswärme schwierig dar. Einerseits ist ein gewisser Teil an Strahlungswärme, die über die raumseitig angeordneten Kacheln abgegeben wird, erwünscht. Andererseits muss der Strahlungsanteil im Inneren, der von dem Heizeinsatz ausgeht und von den Mauerwänden aufgenommen wird, als Leistungsverlust gesehen werden. Das primäre Ziel eines solchen Heizsystems ist es eben die Wärme durch Konvektion in die angeschlossen Zimmer zu transportieren. Die Querschnitte der Verteilungsschächte sollten möglichst gleich groß sein, um unterschiedliche Strömungsgeschwindigkeiten und Verwirbelungen im Luftstrom zu vermeiden.

Diesen Strahlungsverlusten kann mit dem Einbau von so genannten Strahlungsblechen und Reflektoren entgegen gewirkt werden. Dadurch wird die Anlage leistungsstärker und rentabler.
Die Wände bzw. Wandbauteile sollten mit Strahlungsblechen abgeschirmt werden, vor allem aber brennbare Baukonstruktionen und Stahlbeton sind zusätzlich durch Wärmedämmschichten zu schützen. Um nun den Anteil der vom Strahlungsblech aufgenommenen, durchleiteten und auf der anderen Seite wieder abgegebenen Wärme möglichst auch noch zu gewinnen bzw. in Warmluft umzuwandeln, muss die Raumwand, die als Begrenzung der Heizkammer dient, gedämmt und zur Heizkammer möglichst als Reflektor ausgebildet werden.

Ohne reflektierende Wirkung würde sich die Dämmung mit Wärme aufladen und sie an die Wandbauteile abgeben. Dadurch wäre der schützende Effekt für die Wände nicht in vollem Umfang gewährleistet und es gäbe einen Leistungsverlust durch den übergehenden Wärmeanteil.

Es besteht auch die Möglichkeit die betroffenen Gebäudeteile durch eine Hinterlüftung (hinter der Dämmung) vor zu großer Wärmebelastung zu schützen. Hier ist aber der Fachmann gefragt um die individuellen Probleme zu lösen.

Zudem sind gegenüber angeordnete, Wärme abgebende Bauteile wie Heizeinsatz und Nachheizkasten durch Strahlbleche abzutrennen. Die Strahlbleche bestehen aus einem Stahlfeinblech oder einem korrosions-geschützten Aluminium-blech mit einer Mindeststärke von einem Millimeter.

5.4. Heizeinsatz

Der Heizeinsatz dient als eigentliche Wärmequelle, in dem die Brennstoffe in Wärme umgewandelt werden.

Bild 22: Heizeinsatz

Beim Aufstellen eines Heizeinsatzes ist es am wirkungsvollsten ihn auf einem Tragegestell aus Winkelstahl zu montieren. Der Abstand zum Boden sollte dabei mindestens 15 cm

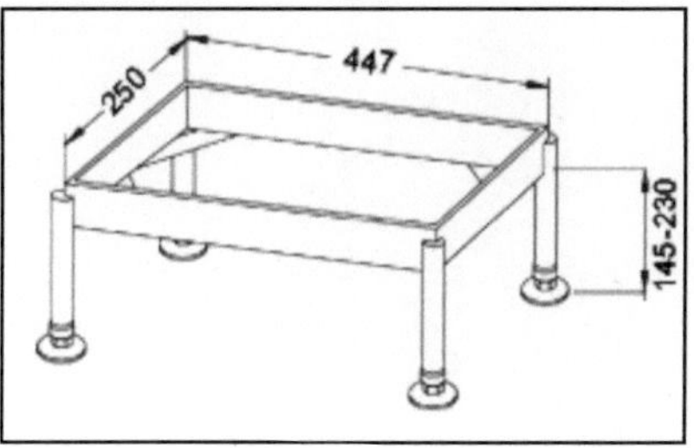

Bild 23: Tragegestell

betragen, damit der Boden des Einsatzes optimal von Luft umspült werden kann.[18]

Bei einer Montage auf einem massiven Sockel geht dieser Effekt verloren und ist daher wärmetechnisch eher ungünstig.

Die im Handel üblichen Heizeinsätze sind für die Verwendung von Energieträgern wie Festbrennstoffe (Holz, Kohle), Heizöl und Erdgas konzipiert.

Den größten Absatz finden die Heizeinsätze für die Festbrennstoffe. Allerdings findet der Öl-Heizeinsatz, hauptsächlich wegen seines größeren Bedienungskomforts, immer mehr Abnehmer. Der Einsatz von Gas-Heizeinsätzen ist noch

---

[18] DIN 18892

relativ gering. Ein Grund dafür ist, dass Gas nicht in jedem Haushalt zu beziehen ist. Gerade auf dem Land sind viele Haushalte nicht an das Gasversorgungsnetz der Stadtwerke angeschlossen.

Bild 24: Heizeinsatz auf Metallfüßen

Die Heizeinsätze werden aus hochwertigem Spezial-Grauguss hergestellt. Dieses Material ist äußerst elastisch und homogen. Es hält hohen Temperaturen stand.

Bei der Verwendung von festen Brennstoffen gibt es sowohl Durchbrand-Heizeinsätze als auch Unterbrand-Heizeinsätze. Bei Verwendung von Kohle können diese im Dauerbrand betrieben werden. Holz ist dagegen nur für einen Zeitbrand geeignet.

Beim Durchbrandsystem wird die gesamte eingegebene Brennstoffmenge zur Verbrennung gebracht und kommt je nach Umfang der Verbrennungsluftzufuhr zum Abbrand.

Beim Unterbrandsystem, das mit Füllraum und Nachverbrennungsschacht ausgestattet ist, wird dagegen nur ein Teil der eingegebenen Brennstoffmenge entflammt und verbrannt. Die dabei entstehenden Verbrennungsgase strömen in den Nachverbrennungsschacht, in welchem sie mit vorgewärmter Luft vermischt werden und nachverbrennen.

Bei Heizeinsätzen ist ein Mindestwirkungsgrad festgesetzt worden. Er beträgt bei einer Verfeuerung von Kohle 75 Prozent und bei Holz 70 Prozent.[19] Mittels Prüfergebnissen wird die Nennwärmeleistung ermittelt und in 0,5 kW Schritten festgelegt.

5.5. Heizölbetriebene Heizeinsätze

Öl-Heizeinsätze finden im Neubau Anwendung, sind aber auch zur Umrüstung bereits bestehender Anlagen geeignet. Die im Handel vertriebenen Einsätze haben eine Leistung von 5,0 kW bis zirka 15 kW. Es ist darauf zu achten,

---

[19] Pfestorf: Kachelöfen und Kamine handwerksgerecht gebaut S. 74

38

dass die Leistung der Anlage nicht zu groß gewählt wird, weil der Brenner dann über längere Zeit im Teilleistungsbereich arbeitet und häufig abschaltet. Die Folge wären erhöhte Abgasemissionswerte und ein erhöhter Heizölverbrauch. Ratsam ist es daher vorher seinen tatsächlichen Wärmebedarf zu ermitteln und die Anlage darauf abzustimmen.

5.6. Brenngasbetriebene Heizeinsätze

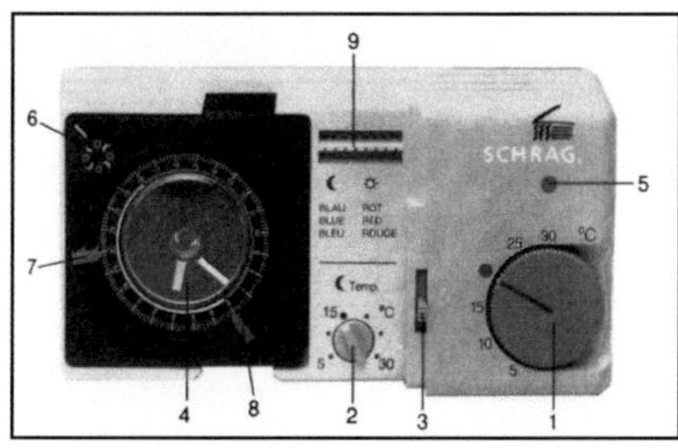

Bild 25: Fernbedienteil zur Regelung der Raumtemperatur

Hier gilt ähnliches wie bei den ölbetriebenen Heizeinsätzen. Ihr Leistungsbereich reicht von 5,5 kW bis zirka 9,5 kW. Es ist ebenso wie bei den ölbetriebenen Heizeinsätzen der hohe Bedienkomfort zu betonen. Über eine elektronische Raumtemperaturregelung mit Schaltuhr und Außentemperatur-fühler kann die Raumtemperatur individuell geregelt werden.

1 Sollwertsteller Raumtemperatur bei Tag

2 Sollwertsteller Raumtemperatur bei Absenkbetrieb

3 Funktionswahlschalter

4 Zeitschaltuhr

5 Leuchtdiode für Betrieb

6 Schaltkontakt der Zeitschaltuhr

7 Schaltreiter für Absenkbetrieb

8 Schaltreiter für Tagbetrieb

9 Ersatz Schaltreiter

Es können darüber hinaus Einstellungen für Tages- und Wochenprogramme oder eine Nachtabsenkung programmiert werden. Der jeweilige Software-Umfang ist vom Anbieter und Modell abhängig. Der gefahrlose Betrieb eines Gas-Heizeinsatzes wird durch eine Zündsicherung und einer Abgasüberwachung gewährleistet. Die Strömungssicherung ist so anzuordnen, dass die Gase im Falle eines Staus und Rückstroms dem Aufstellungsraum zugeleitet werden und nicht in den Heizeinsatz einströmen können. Eine Errichtung von Gasfeuerungsanlagen ist dem Gasversorgungsunternehmen mitzuteilen und bedarf einer Genehmigung. Bei Installation und Inbetriebnahme müssen die örtlichen feuer- und baupolizeilichen Bestimmungen sowie weitere Verordnungen eingehalten werden.

5.7. Nachheizkasten

Bevor der Rauch den jeweiligen Heizeinsatz verlässt und in den Schornstein geführt wird, werden die Rauchgase durch den Nachheizkasten geleitet.

Der Nachheizkasten ist mit dem Heizeinsatz durch ein Rauchrohr verbunden. In der Regel werden hierfür Doppelbögen verwendet. In dem Nachheizkasten gibt der Rauch seine verbleibende Wärme an die Nachheizflächen ab und kann dann in den Kamin aufsteigen. Dadurch werden die Verbrennungsgase des Feuers wirkungsvoller genutzt und die Effizienz der Kachelofen-Warmluftheizung verbessert sich. An den Nachheizflächen erwärmt sich die außen vorbeiströmende Luft bevor sie über die Verteilungsschächte in die jeweiligen Zimmer gelangt.

Bild 26: Nachheizkasten

Es gibt noch weitere Möglichkeiten, um die Verbrennungsgase im Anschluss des Heizeinsatzes effektiv zu nutzen:

> keramische Nachheizflächen (gemauerte Züge)
> Heizradiatoren aus Grauguss mit Schamotteausbau und ohne Ausschamottierung
> Heizradiatoren aus Stahlblech, mind. 2 mm dick, mit und ohne Schamotteausbau

Bei den keramischen Nachheizflächen ergeben sich mehrere Möglichkeiten bei der Anordnung des Zugsystems in Reihe, im Block geschaltet oder durch getrennte Fallfeuer in zwei Räumen. Diese Art des keramischen Abwärmeteils eignet sich für eine lang anhaltende Wärmeabgabe, aufgrund der Speicherfähigkeit der verbauten keramischen Masse. Die schnellste Aufheizung der Räume wird durch den einfachen Stahlblech-Heizradiator erzielt, jedoch ohne Speicherfähigkeit und ohne Wärmenachhalteeffekt in den Zimmern nach erloschenem Feuer.

Nachheizkästen müssen dicht sein, damit keine Rauchgase in das Verteilungssystem gelangen können. Über eine dicht schließende Reinigungsöffnung muss es möglich sein, den Kasten von innen zu reinigen.

5.8. Luftführung

Die kalte Luft wird durch eine Sockelöffnung der Heizanlage zugeführt. Diese Kaltluftöffnung sollte dabei einen freien Querschnitt haben, der in der Summe der Heizschachtquerschnitte entspricht, mindestens jedoch 80 Prozent davon betragen muss.

Am Ort des Lufteintritts kann es dabei zu einer Strömungsgeschwindigkeit von 0,7 bis 0,8 m/s kommen.[20] Ein zu kleiner Querschnitt würde die Strömungsgeschwindigkeit unnötig erhöhen und für Unbehagen sorgen. Ein ähnlicher Effekt wird erreicht, wenn die Öffnung durch Möbel oder Gegenstände verstellt wird. Dies würde auch dazu führen, dass die Anlage zu wenig Luft bekäme, was unangenehme Folgen hätte wie Luftüberhitzung, Staubversengung und Qualmbildung mit den damit verbundenen Geruchsbelästigungen und Reizung der Schleimhäute in Nase und Rachen. Im schlimmsten Fall könnten sogar Schäden am Heizeinsatz auftreten und/oder ein Durchbrennen von Rohren verursacht werden.

Der Austritt der warmen Luft sollte am Kachelofen selbst an der höchsten Stelle des Kachelmantels bzw. der Heizkammerverkleidung erfolgen. Wenn Zimmer der gleichen Etage beheizt werden, sollte der Mauerdurchbruch ebenfalls an der höchsten Stelle erfolgen, damit Wirbelströme vermieden werden. Falls die Öffnung zu niedrig angeordnet wird, strömt die Warmluft zum großen Teil an der Austrittsöffnung vorbei und erzeugt Luftwirbel an der Ofendecke. Eine effiziente Beheizung der angeschlossenen Räume bleibt dadurch aus.

Der Lufteintritt in die angeschlossenen Zimmer erfolgt dann über Luftgitter mit Lamellenverschluss. Diese sollten dabei grundsätzlich mit ihrer Längsseite waagerecht angeordnet werden. Die Warmluft wird dabei beim Ausströmen in ihrer Menge begünstigt.

Bild 27: Lamellengitter

Natürlich können auch Räume in den darüberliegenden Geschossen über Warmluftschächte verbunden und damit beheizt werden. Die Kanäle und Schächte müssen dabei dicht, korrosionsgeschützt, innenabriebfest und glatt sein. Beim Einbau ist auf eine Montage mit

---

[20] Pfestorf: Kachelöfen und Kamine handwerksgerecht gebaut S. 94

nichtbrennbaren Halterungen und Befestigungen zu achten.

Warmluftschächte und -kanäle sind allseitig zu dämmen um einen Wärmeverlust von mindestens 3 Prozent nicht zu übersteigen. Aus brandschutztechnischen Gründen ist eine hohlraumfreie Mindestdämmung mit einer 30 mm dicken Wärmedämmschicht aus form- und gefügebeständigem, nichtbrennbarem Dämmstoff vorgeschrieben.[21]

Alle Dämmstoffe zur Wärmedämmung sind auch geeignet zur Eindämmung der Schallübertragung.

Mit diesen Materialien sollten die Warmluftschächte und -kanäle ummantelt werden, um eine direkte Schallübertragung zu vermeiden.

5.9. Wärmebedarf

Für eine Bemessung einer Kachelofen-Warmluftheizung wird der Gesamtwärmebedarf zu Grunde gelegt, der sich aus der Summe des Wärmebedarfs der einzelnen Zimmer ergibt. Hierbei werden alle voll zu beheizenden Zimmer wie z. B. Wohnräume und Arbeitsräume mit dem ganzen Wärmebedarf angesetzt und die nur teilweise zu beheizenden Zimmer, z. B. Schlaf- und Nebenräume, mit dem halben Wärmebedarf in der Rechnung berücksichtigt.

Dadurch wird einer Überdimensionierung der Heizeinsatzgröße vorgebeugt. Denn gerade in den Übergangsmonaten und bei milden Temperaturen kommt es häufig zur Drosselung des Abbrandes. Dies führt zum Schwelbrand mit allen nachteiligen Folgen.

Kann die Anlage von einem Nebenraum, vom Flur oder von der Diele aus bedient werden, so müssen für den eintretenden Wärmeverlust durch Abstrahlung der Frontplatte in den jeweiligen Raum auf den errechneten Wärmebedarf ein Zuschlag von 12 Prozent gegeben werden. Bei einer Anordnung einer Heizkammer im Keller muss für den Wärmeverlust im Kellergeschoss ein Zuschlag von 15 Prozent eingerechnet werden. Die Größe des Heizeinsatzes soll so gewählt werden, dass er 80 Prozent des Wärmebedarfs abdeckt.

Die Größe der Heizfläche wird nach folgender Formel ermittelt:

$$A_E = Q_N \text{ ges} \times 0{,}8 \: / \: q_E$$

- ➢ Heizfläche A_E in m²
- ➢ Gesamtwärmebedarf Q_N ges in Watt
- ➢ Faktor 0,8 für die Heizeinsatzleistung von 80 Prozent des Gesamtwärmebedarfs

---

[21] DIN 4102-6

> spezifische Nennwärmeleistung q_E des Heizeinsatzes in W/m² [22]

Für die Deckung der verbleibenden 20 Prozent des Gesamtwärmebedarfs sorgt die Wärmeleistung des Nachheizkastens unabhängig von seiner Bauart. Dies ist in der DIN 18892 Teil 1 geregelt und legt folgende Leistungen fest:

> Keramische Abwärmeteile 700 W/m²
> Heizradiatoren 1500 W/m²

Zur Berechnung der Heizflächengröße des Abwärmeteils kann die Formel der Heizfläche analog, mit einem abgewandelten Faktorenwert von 0,2, verwendet werden.

Beispielrechnung:

$A_A =$
7250 W x 0,2 / 700 W/m²
$\underline{A_A = 2{,}1 \text{ m}^2}$
> Heizfläche A_A des Abwärmeteils in m²

Für die Deckung des Gesamtwärmebedarfs muss die Außenfläche des Abwärmeteils mindestens 2,1 m² betragen.

---

[22] Pfestorf: Kachelöfen und Kamine handwerksgerecht gebaut S. 100

5.10. Bauablauf eines Warmluftkachelofens

Bild 28:

Der Sockelbereich des Warmluftofens wird errichtet.
Der Heizeinsatz befindet sich im Keller und wird von dort aus bedient.

Bild 29:

Die Warmluftzüge werden mit Schamottesteinen aufgebaut.
Durch den Durchbruch in der Wand kann später das Nebenzimmer mit beheizt werden.

Bild 30:

In der Mitte sitzt das
Rauchrohr, welches zur
Wärmeabgabe durch den
Hohlkörper geführt wird.

Bild 31:

Ein Blick durch den
Luftschacht auf die
Wärmequelle mit Rauch-
rohr.

Bild 32:

An der Zimmerwand ist
eine Dämmung angebracht
um Wärmeverluste zu
vermeiden.

Bild 33:

An das senkrechte Rauch-
rohr wird ein Verbindungsstück angeschlossen.

Bild 34:

Der Rauchrohrbogen wird
in den Kamin
eingebunden.

Bild 35:

An dieser Wandseite
wird oben eine Warmluft-
austrittsöffnung
angebracht und unten
eine Öffnung für die
zurückströmende Kaltluft.

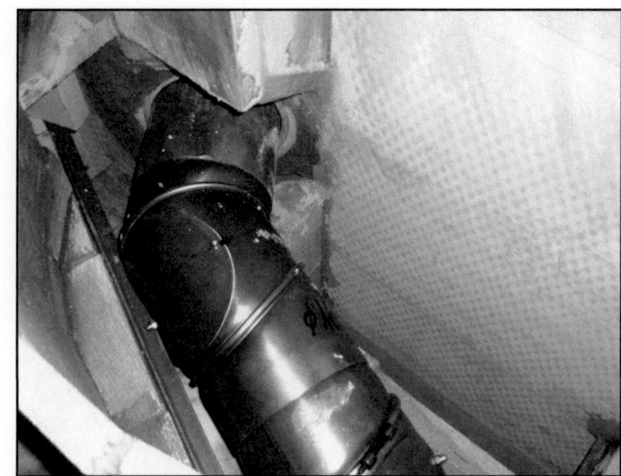

Bild 36:

Aus Schamottesteinen wird
der Hohlkörper des
Warmluftofens fertig
gestellt.

Bild 37:

Unten im Sockelbereich
befindet sich eine Öffnung
für die zurückströmende
Kaltluft.
Oben ist ein Lamellengitter
angebracht für den
Warmluftaustritt.
Rechts ist ein kleines Loch
für Reinigungsarbeiten
vorgesehen.

Bild 38:

Mit diesem
herausnehmbaren
Schamottestein kann die
Reinigungsöffnung
verschlossen werden.

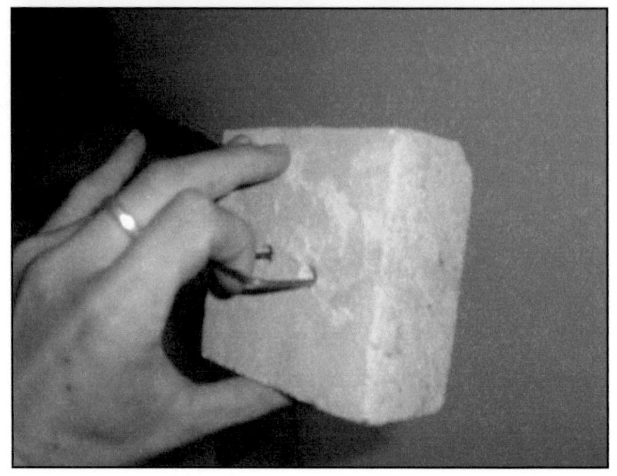

Bild 39:

Die Oberfläche des Ofens
ist verputzt.
Die Sitzflächen und
Abstellflächen sind mit
Naturstein belegt.

Bild 40:

Die eingebauten Lamellen-
gitter, oben für die Zuluft
unten für die Abluft.

Bild 41:

Blick auf den im Keller
befindlichen Heizeinsatz
mit Sockelöffnungen des
Luftschachts.

Bild 42:

Der fertig gestaltete
Warmluftofen.

6. Überblick Kachelgrundofen

Ein markantes Unterscheidungsmerkmal gegenüber dem Warmluftkachelofen stellt der Heizvorgang dar. Beim Warmluftkachelofen wird eine kleine Menge Brennstoff verbrannt und nach kurzer Zeit kommt warme Luft aus dem Warmluftgitter. Beim Kachelgrundofen (auch Grundofen oder Speicherofen genannt) werden zirka 15 kg Holz verbrannt. Nach frühestens einer Stunde werden die Kacheln warm und geben die Energie über viele Stunden ab. Die Aufheizdauer und Wärmeabgabe ist dabei abhängig von der Bauart und kann von Modell zu Modell variieren.

Das Herzstück des Grundofens ist der Feuerraum, der in der Regel aus gemauerten Schamottesteinen besteht. In diesem Feuerraum brennt das Feuer und erwärmt dessen Wände. Die Heizgase ziehen nicht durch Metallrohre, sondern durch so genannte gemauerte Züge. Diese Kanäle laufen durch den gesamten Ofen.

Der heiße Rauch muss also durch den ganzen Ofen ziehen, bevor er endlich zum Schornstein gelangt. Aus wärmetechnischen Gründen sind die Kanäle aus Schamottesteinen aufgebaut und werden nicht aus Guss oder Blech gefertigt.

Metall nimmt zwar schnell Wärme auf, gibt sie aber auch schnell wieder ab. Die Schamottesteine (ein spezielles Material aus Ton) nehmen die Wärme der Heizgase zwar langsam auf, speichern sie jedoch länger und geben sie allmählich über einen größeren Zeitraum wieder ab.

Bild 43: Schamottesteine

Diese Wärme, die der Stein bzw. die Schamottesteine im Kachelofen an die Kacheln und diese an den Raum abgeben, ist eine ganz besondere Wärme. Nur von festen Körpern wird diese Energie aufgenommen ohne dabei die Luft zu überhitzen. Hierbei wird nicht die Oberfläche durch vorbeistreifende warme Luft (Konvektion) erwärmt wie z. B. bei der Haut, sondern diese Wärme geht durch und durch – wie Sonnenstrahlen. So genügen bei einem Grundofen relativ niedrige Raumlufttemperaturen, um ein wohlig warmes Raumklima zu schaffen.

Je größer der Grundofen, d. h. je mehr „Züge" eingebaut sind bzw. je mehr Speichermasse er hat, desto länger bleibt er auf eine natürliche Art und Weise warm.

Beheizt wird der Grundofen, anders als der Warmluftofen, nur einmal in 12 Stunden – im so genannten Zeitbrand.

Bild 44: Grundofen

6.1. Genaue Betrachtung des Kachelgrundofens oder Grundofens

Der Grundofen, in seiner klassischen Bauweise, wird vor Ort aus Schamotte aufgebaut. Er kommt bis auf wenige Teile wie die Ofentür, die Hafnerklammern bzw. Verbindungsstifte und den Rauchrohranschluss zum Kamin völlig ohne Metallteile aus. Je nach Modelltyp kann ein Verbrennungsrost zum Einsatz kommen. Gegenüber dem Warmluftofen unterscheidet er sich deutlich, da er ohne Heizeinsatz betrieben wird. Beim

Grundofen gibt es auch keinen Nachheizkasten, da dessen Funktion von den gemauerten Zügen übernommen wird. Bei der Gestaltung sind vielfältige Variationen möglich, wobei die physikalischen Erfordernisse für eine saubere und wirtschaftliche Verbrennung zu beachten sind. Das bedeutet u. a., dass die Öffnungen für die Verbrennungsluft in der Brennraumtür eine ausreichende Luftzufuhr gewährleisten müssen. Der Brennraum muss groß genug sein, damit entsprechend der Größe des Kachelofens die richtige Menge Holz eingeschichtet werden kann. Die Zuglänge, der Zugdurchmesser sowie die Anzahl der Sturz-/Steig- und liegenden Züge müssen dazu führen, dass dem Rauchgas genau die richtige Menge Energie entzogen wird. Zu beobachten ist dabei, dass nur so viel Wärme genutzt werden darf, dass der Unterdruck im Schornstein noch ausreicht, um das Rauchgas ins Freie zu befördern.

Die Konstruktion, Bauart und Bauweise von Grundkachelöfen bzw. Kachelgrundöfen – beide Bezeichnungen existieren nebeneinander – haben sich in den letzten Jahren verändert und sind vielgestaltiger geworden. Dabei verschwand die übliche Quaderform. Sie wurde durch Variationen in der Formgebung und Flächenaufteilung ersetzt.

Bild 45: Quaderform

Bei der „modernen" Gestaltung werden auf spielerische Art und Weise unterschiedlich große Flächen in ihrer Form und Höhe miteinander verbunden, Sitzbänke integriert und verschiedenartige Gestaltungsmittel zugeordnet. Dies hat zur Folge, dass nicht immer die gesamte Oberfläche des Ofens direkt beheizt werden kann, da einige dieser Bereiche nicht mehr von Rauchgasen berührt bzw. vom Glutbett angestrahlt werden. Sie werden lediglich durch direkte Wärmeleitung von erwärmten Heizflächen temperiert.

Bild 46: Flächenaufteilung

Bild 47: Flächenaufteilung

Aufgrund dieser neuen gestalterischen Entwicklung kann eine Heizflächenberechnung nicht mehr in vollem Umfang nach der alten Kachelofen-Berechnung, die in den Reichsgrundlagen der dreißiger Jahre konzipiert wurde, durchgeführt werden.

6.2. Heizfläche

Es ist notwendig zuerst die Heizfläche zu bestimmen und zu definieren.

Die Heizfläche eines Kachelgrundofens kann auf zwei Arten bestimmt werden. Zum einen bildet der ermittelte Wärmebedarf des Raumes die Grundlage und wird durch die spezifische Nennwärmeleistung der Bauart geteilt. Zum anderen werden alle direkt beheizbaren Flächen der Ofenoberfläche in ihrer Größe berechnet und addiert.

Der Begriff der Heizfläche lässt sich folgendermaßen definieren:

„Heizflächen sind die Flächen von Feuerstätten in m², die auf der einen Seite durch das Glutbett oder von den Heizgasen berührt oder angestrahlt werden und die ihnen übertragene Wärme auf der anderen Seite durch Strahlung oder Konvektion an die Raumluft übertragen."[23]

Bei der Berechnung der Heizfläche gehen alle Stahl- und Graugussteile – obwohl ihre Heizleistung größer ist als die der keramischen Fläche – nicht in die Rechnung ein. Sie sind zu klein und es würde sich nur eine minimale Abweichung in ihrer Heizleistung zwischen metallischer und keramischer Fläche ergeben. Zudem ist die Speicherfähigkeit der metallischen Bestandteile sehr gering und kann daher vernachlässigt werden. Die Rückwand eines Ofens zählt nur dann als vollwertige Heizfläche, wenn zwischen Kachelheizfläche und Wandfläche ein Freiraum von mindestens 15 cm besteht.[24] Begründen lässt sich dies durch das Strahlungsgesetz, das besagt, dass die Intensität der Strahlung im Verhältnis zur Entfernung quadratisch abnimmt. Bei einem geringeren Abstand würde ein zu großer Teil der Strahlung in die Wand übergehen und somit für Strahlungsverluste sorgen. Bei einem Grundofen, der direkt an eine Wand gebaut werden soll, wird dieses Problem durch einen be- und entlüfteten Luftschacht gelöst.

Bevor ein Kachelofen entworfen wird, muss die benötigte Heizfläche bestimmt werden. Dies geschieht vorzugsweise auf der Grundlage des benötigten Wärmebedarfs in Kombination mit der angegebenen spezifischen Nennwärmeleistung des Kachelofens, die sich durch Bauart und Güte der Kachel ergibt.

Die Art der Berechnung ist in der DIN 18892 Teil 1 festgelegt.[25]

$$A_K = Q_N / q_K$$

[23] Madaus: Der Kachelgrundofen S. 9

[24] DIN 4701-1
[25] Pfestorf: Kachelöfen und Kamine handwerksgerecht gebaut S. 113

➢ Heizfläche des Ofens A_K in m²

➢ Wärmebedarf Q_N in Watt

➢ spezifische Nennwärmeleistung der Bauart q_K in W/m²

Beispielrechnung:

A_K = 5230 W / 930 W/m²

$\underline{A_K = 5{,}62\ m^2}$

Für den geforderten Wärmebedarf ist, mit der gewählten Bauart, eine Heizfläche von 5,62 m² nötig.

Falls aus räumlichen Gründen die Größe der Heizfläche vorgegeben ist, kann im Umkehrschluss auch die freiwerdende Wärmeleistung ermittelt werden.

Die Nennwärmeleistung Q_N eines Grundofens ergibt sich folgendermaßen:

$$Q_N = A_K \times q_K$$

Beispielrechnung:

Q_N = 4,85 m² x 700 W/m²

$\underline{Q_N = 3395\ W}$

Abhängig von der spezifischen Nennwärmeleistung und der festgesetzten Heizfläche ergibt sich eine Heizleistung von 3395 Watt.

6.3. Ausführung des Kachelofens

Die Bauart eines Grundofens bezieht sich auf den inneren Ausbau bzw. auf die Vorschubdicke an der Kachelwand. Als Vorschub wird die vorgemauerte Wand an der Innenseite der Ofenkacheln bezeichnet. Der Vorschub bestimmt die Bauart und die Leistungsfähigkeit des Kachelofens.

Es ist also möglich, dass Grundöfen der gleichen Größe, aber unterschiedlicher Bauart, in ihrer Leistung variieren.

In ihren Ausführungen wird daher unterschieden zwischen einer:

➢ schweren Bauart

➢ mittelschweren Bauart

➢ leichten Bauart

Die Wände der verschiedenen Ausführungen sind folgendermaßen aufgebaut:

Die Kachelöfen der schweren Bauart haben außen Kacheln und auf der Innenseite zusätzlich einen 2 cm dicken Töpferplattenvorschub. Nach einem 1 cm breiten Hohlraum folgt die Feuerraumwand, die aus 6 cm dicken Schamottesteinen, mit Schamottemörtel, gemauert ist.

5,0 cm Kachelwanddicke
0,5 cm Lehmmörtelfuge
2,0 cm Töpferplatten
1,0 cm Hohlraum
+ 6,0 cm Schamottesteine
 14,5 cm ges. Wanddicke

Die Kachelöfen mittelschwerer Bauart haben keinen Hohlraum. Hier bilden die Normalsteine aus Schamotte den Vorschub.

5,0 cm Kachelwanddicke
0,5 cm Lehmmörtelfuge
+ 6,0 cm Schamottesteine
 11,5 cm ges. Wanddicke

Bei den Kachelöfen der leichteren Bauart ist die Vorschubdicke der Schamottesteine geringer.

5,0 cm Kachelwanddicke
0,5 cm Lehmmörtelfuge
+ 4,0 cm Schamottesteine
 9,5 cm ges. Wanddicke

Bei allen drei Bauarten wird, bevor der Vorschub angebracht wird, der bestehende Hohlraum der Kacheln auf der Innenseite mit Futtersteinen ausgemauert. Nachdem die Kacheln gesetzt und mit Hafnerklammern fixiert wurden, kann ein passendes Futterstück aus Schamottestein mit Schamottemörtel in

die Kachel eingesetzt werden. Die Schamotteplatte soll mit der Rückseite der Kachel, also mit dem Steg, eine glatte Fläche bilden. Wichtig ist hierbei, dass diese eine gleichmäßig umlaufende Fuge (1-2 cm) hat, aus der der überschüssige Mörtel austreten und glatt gestrichen werden kann. Um Spannungsrisse zu vermeiden, dürfen dabei keine Lufteinschlüsse entstehen. Die Dicke und das Material der Kachelwand haben Einfluss auf die Heizleistung und bestimmen die Wärmeabgabe des Ofens. Aus der Wärmelehre ist bekannt, dass die Wärmeenergie eine bestimmte Zeit benötigt, um einen Festkörper zu durchdringen. Das heißt, je dicker die Kachelwand, desto länger dauert es bis die Wärmewirkung des Feuers in Erscheinung tritt. Daraus ergeben sich unterschiedliche Oberflächentemperaturen des Kachelofens. Aufgrund von Versuchsmessungen lassen sich den einzelnen Bauarten folgende Oberflächentemperaturen zuschreiben:

➢ schwere Bauart 64° C
➢ mittelschwere Bauart 80° C
➢ leichte Bauart 90° C

Diese Temperaturen lassen sich
Diese Temperaturen lassen sich folgenden spezifischen Nennwärme-leistungen zuordnen:

➢ Schwere Bauart 700 W/m²

➢ Mittelschwere Bauart 930 W/m²

➢ Leichte Bauart 1160 W/m² [26]

6.4. Fundamente

Die schwere und massive Bauweise der Kachelöfen erfordert einen festen und geeigneten Standort. Daher ist es notwendig entsprechende Fundamente vorab zu erstellen.

Die Fundamente müssen dabei besonders tragfähig und brandsicher sein.

Massivdecken und Holzbalkendecken sind die üblichen vorherrschenden Deckenkonstruktionen, nach denen sich die

Ausführung der Fundamente orientiert.

Im Fall einer Betondecke kann der Kachelofen auf den Rohbeton gestellt werden bzw. auf einen Estrichsockel.

Unter diesem Estrichsockel darf sich kein verformbares Material wie z. B. Rohrleitungen, Isolierungen oder Dämmmaterial befinden, um Absackungen und Risse zu vermeiden. Der Estrich darf keine Verbindung zum restlichen Boden haben, er sollte deshalb schwimmend eingebaut werden. Es ist hierbei auf eine fachgerechte Entkoppelung der betroffenen Bauteile zu achten, um eine Schallübertragung zu vermeiden und ein unkontrol-

liertes Einreißen des Estrichs auszuschließen.

Wichtig für den Unterboden des Kachelofens ist, dass es sich um eine glatte, staubfreie und nichtbrennbare Fläche handelt. Vorzugsweise eignet sich hierfür ein gefliester Fußboden. Die Abfliesung dieses Bereiches muss vor der Feuerungsöffnung mindestens 50 cm und jeweils seitlich 30 cm betragen, damit die Brandgefahr durch herausfallendes Brenngut eingedämmt wird. [27]

Bei einer Holzbalkendecke ist vorab eine sorgfältige Überprüfung bezüglich der Tragfähigkeit der Deckenkonstruktion notwendig. Eine Stabilitätsverbesserung des Staortes lässt sich, beispielsweise durch einen verstärkenden Balkenwechsel erzielen. Hierbei ist eine fachkundige Beratung zu empfehlen, damit die Feuerstätte später weder bei jeder Erschütterung schwankt noch, dass es zum Reißen des keramischen Rohrs oder gar zu Undichtheiten und Falschluftquellen im Kachelmantel kommt. Die als Fundament vorgesehene Fläche soll dabei mit 5 cm dicken Holzbohlen ausgelegt werden. Der Brandgefahr vorbeugend soll darauf eine 5 cm dicke Schicht

---

[26] Madaus: Der Kachelgrundofen S. 18

[27] DIN 18891

Bild 48: Fundamente

aus Beton, Fliesen oder Steinen mit einer Zwischenlage aus Dachpappe, PVC-Folie oder ähnlichem aufgebracht werden.

Die Holzbalkendecke mit Ofenfundament besteht aus:

1 Mauerwerk

2 Betonplatte, 50 mm

3 Holzbohle, 50 mm

4 Dämmung

5 Schlackenfüllung

6 Fehlboden

7 Deckenschalung

8 Rohrdeckenputz

9 Holzlatte

10 Holzbalken

Grundsätzlich ist bei allen Deckenkonstruktionen auf eine ausreichende Tragfähigkeit zu achten. Besonders schwere und massive Feuerstätten sind problematisch, da sie eine hohe punktuelle Deckenlast ausüben.

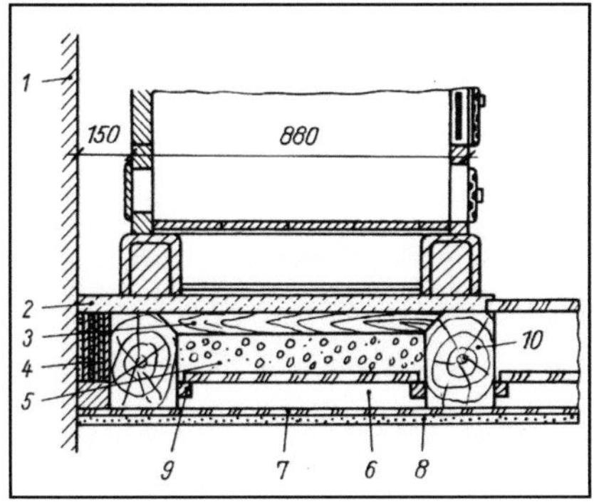

Bild 49: Holzbalkendecke

Ein Statiker kann bei Fragen oder Unklarheiten zu Rate gezogen werden und eine individuelle statische Berechnung erstellen.

6.5. Feuerraum

Beim Bau des Feuerraumes ist, vor allem das Ausdehnungsverhalten bei der Erwärmung des Ofens und das Wiederzusammenziehen bei der Abkühlung zu berücksichtigen. Spannungsrisse könnten unangenehme Folgen einer eingeschränkten Ausdehnung sein und zu Falschluftquellen führen. Sie stören die Verbrennung und setzen den Wirkungsgrad des Ofens herab. Durch diese Risse und Undichtheiten im Kachelmantel können umgekehrt in der Anheizphase Rauchgase in den Raum strömen und für Geruchsbelästigung sorgen. Ursache dafür ist der entstehende Überdruck im Feuerraum während der Anheizzeit. Sobald die Unterdruckwirkung des Schornsteins eintritt, verändert sich die Situation und es wird Falschluft angesaugt. Nach dem Erlöschen des Feuers stellt sich eine schnellere Abkühlung und Abminderung der Speicherfähigkeit, aufgrund der Undichtheiten im Kachelmantel ein.

Der Feuerraum soll beim Aufbau als ein geschlossenes Ganzes ausgebildet werden. Dennoch soll er sich trotz seiner Geschlossenheit widerstandslos nach allen Richtungen ausdehnen können.

Ein gemeinsames Merkmal der mittelschweren und der leichten Bauart ist, dass die Schamottesteine in Verbindung eines Lehmmörtels an die Kachelwand angerieben sind.

Es ist hierbei auf eine sach- und fachgerechte Ausführung zu achten, d. h. die Steine müssen im Verband und mit ausreichend dicker Setz- und Stoßmörtelfuge verbaut werden. Die Schamottesteine, die sich in der Nähe des Glutbettes befinden, (in der Regel die 1. und 2. Steinreihe) werden nicht im Verband eingebaut, damit sie sich nach Verschleiß besser austauschen lassen. Solche Verschleißerscheinungen lassen sich auf eine hohe Belastung zurückführen.

Der Kachelofen der schweren Bauart unterscheidet sich dadurch von den beiden anderen, dass er einen allseitig freistehenden Feuerraum hat. Er besitzt eine ununterbrochene 10 mm breite Dehnfuge. Sie soll bei der Wärmeausdehnung ein Auseinandertreiben der Kachelwand verhindern. Aufgrund des hohen Anteils an verbauter Masse und der damit verbundenen dicken Ofenwand, benötigt diese Bauart eine Dehnfuge. Ohne sie ist eine gleichmäßige und langsame Durchwärmung des Kachelmantels nicht möglich!

Die großen Temperaturunterschiede der äußeren Oberfläche würden im Vergleich zur inneren Oberfläche ohne den geschaffenen Dehnungsausgleich zu großen Spannungen führen.

Die Gestaltung des Feuerraums hängt davon ab, ob es sich bei der Holzfeuerung um eine rostlose Feuerung oder um eine Feuerung mit Rost handelt. Diese Entscheidung wirkt sich, vor allem auf die Ausführung des Ofenbodens und der Ofentüre aus.

Der momentane Trend richtet sich auf eine Holzfeuerung ohne Rost aus. Bei dieser Variante ist der Bau eines Ascheraums mit herausnehmbarem Aschekasten hinfällig. Nachteilig daran ist die erschwerte Reinigung des Feuerraums, weil die Asche von Hand mit einer kleinen Schaufel entfernt werden muss. Durch den Wegfall des Ascheraums haben derartige Öfen auch nur noch eine Ofentür.

Wird ein Rost eingebaut, ist unter ihm ein Ascheraum erforderlich, der in seiner Größe unterschiedlich ist und von der durchzusetzenden Brennstoffmenge abhängt.

Bei Speicher-Kachelöfen sind die Ascheräume kleiner, weil sie nur im Zeitbrand betrieben werden, im Gegensatz zu den

Raumheizern und Haushaltsherden, die im Dauerbrand ihre Wirkung erzielen. Beim Zeitbrand kommt weniger Brenngut zum Einsatz, welches einen geringeren Ascheanteil im Vergleich zum Dauerbrand zur Folge hat.

Beim Bau des Ascheraums ist auf eine ausreichende Größe zu achten. Zusätzlich muss noch ausreichend freier Raum zwischen der Vorderwand des Aschekastens und dem Rost für den Zustrom der Verbrennungsluft bleiben.

Bei der Verwendung von Normkachelmaterial (22 x 22 cm) ist eine Mindesthöhe des Ascheraums von 13 cm anzustreben, weil damit eine gute Eingliederung in das Kachelgefüge möglich ist.

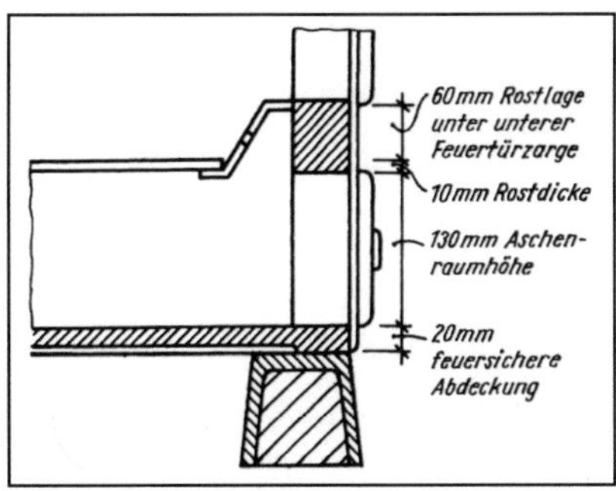

Bild 50: Ascheraum

Die Größe des Aschekastens soll auf eine täglich anfallende Aschemenge ausgelegt sein.

Bei Kachelöfen werden je 1160 Watt stündlicher Leistung 0,5 dm³ Inhalt gefordert.[28]

Bei Haushaltsherden und Raumheizern wird mit der doppelten Menge an anfallender Asche gerechnet. Die Vorderwand des Aschekastens soll niedriger sein als die Seitenwände, um die Luftzufuhr zum Verbrennungsraum nicht einzuschränken. Zu hohe Aschekästen verursachen häufig schlechte Verbrennungsvorgänge und lange Abbrandzeiten.

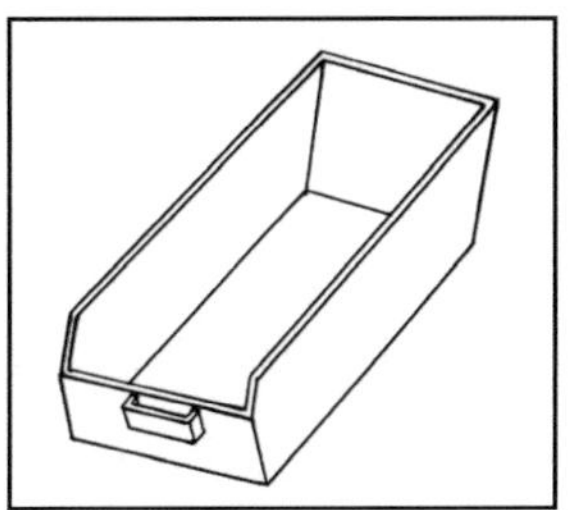

Bild 51: Aschekasten

Der Boden des Feuerraums ist feuersicher und mit nichtbrennbaren Materialien abzudecken. Bei Feuerstätten mit einer Rostfeuerung genügt eine Abdeckung mit 20 mm dicken Schamotteplatten.[29] Durch den Aschekasten im Ascheraum und durch Flugaschenablagerung auf dem Boden im Fall- und

---

[28] DIN 18891
[29] Pfestorf: Kachelöfen und Kamine handwerksgerecht gebaut S. 119 f.

Steigzug wird eine direkte Wärmeübertragung durch Glutstrahlung bzw. der Rauchgase gemindert. Die äußeren Temperaturen des Bodenblechs erreichen dann Maximalwerte von 60° C bis maximal 80° C.

Bei einer Holzfeuerung ohne Rost ist ein 40 mm dicker Boden aus Schamottesteinen zu bauen, damit die oben genannten Werte nicht überschritten werden.

Bei der Ausbildung der Feuerraumdecke sind 60 mm dicke Schamotteriegel zu verwenden.[30] Die Decke liegt trocken ohne bindende Mörtel-Lagerfuge auf den seitlichen Schamottevorschüben auf. Bei der Ausführung ist auf ein widerstandsloses Ausdehnungsverhalten der Feuerraumdecke zu achten, um ein Auseinandertreiben des Kachelmantels zu verhindern.

6.6. Rahmenbedingungen für den Bau des Feuerraums

Kachelgrundöfen sind auf eine hohe Wärmespeicherfähigkeit auszulegen und eignen sich nicht für einen Dauerbrand. Anders ist es bei den Warmluftöfen oder Warmluftheizungen, die über einen Heizeinsatz verfügen und auf einen Dauerbrand ausgerichtet sind. Bei dem Verbrennungsvorgang von Holz beträgt der Anteil an flüchtigen Bestandteilen zirka 85 Prozent. Nur 15 Prozent beträgt der Anteil an Holzkohle, die zurückbleibt und langsam entgast.

Für eine gute Verbrennung des Gas-Luftgemischs bei Holz sind folgende vier Bedingungen wesentlich:

- ➢ lange Verweilzeit im heißen Bereich
- ➢ gute Turbulenz zum möglichst homogenen Gas-Luftgemisch
- ➢ hohe Feuerraumtemperatur mind. 800° C
- ➢ ausreichende Brennraumgröße, evtl. Nachbrennraum

Das Turbulenzverhalten wird durch Ansaugen von Sekundärluft, z. B. durch Lufteintrittsöffnungen in der Tür verbessert. Die Verbrennungstemperatur wird von der Restfeuchtigkeit des festen Brennstoffs und von einem Luftüberschuss im Feuerraum beeinflusst. Der Luftüberschuss bei dem Gas-Luftgemisch sollte dabei einen 2,5fachen Anteil gegenüber dem Rauchgas nicht überschreiten. Die daraus resultierende Folge wäre eine zu niedrige Verbrennungstemperatur, in Verbindung mit einer Rußbildung an den Wänden des Feuerraums.

6.7. Größe des Feuerraums

Um eine möglichst optimale Verbrennungstemperatur von 800° C bis 1000° C zu erzielen, ist eine Optimierung des

---

[30] Pfestorf: Kachelöfen und Kamine handwerksgerecht gebaut S. 120

Feuerraums in seiner Größe durchzuführen. Der Brennraum ist dabei möglichst klein zu halten, damit die Feuerraumtemperatur nicht durch unnötigen Wärmeentzug gesenkt wird. Der Technische Ausschuss des Österreichischen Kachelofenverbands empfiehlt die Festlegung einer spezifischen Oberfläche von 900 cm² pro Kilogramm Brennmasse.

Daraus ergibt sich folgende Formel:

$A_{OFR} = 900 \times m_B$

➢ Feuerrauminnenfläche A_{OFR} in cm²
➢ Brennstoffmenge m_B in kg

Für den Grundflächenbedarf des zu verbrennenden Holzes können folgende Richtwerte angenommen werden.

➢ 100 cm²/kg Hartholz oder Holzbriketts
➢ 130 cm²/kg Weichholz

Bei der Beschickung des Feuerraums ist darauf zu achten, dass die Füllhöhe 33 cm nicht übersteigt und das Holz locker und mit Abstand zu den Wänden aufgeschlichtet wird.

Für eine Berechnung des Feuerraums soll eine Mindestbreite von 25 cm Grundfläche eingehalten werden. Bei der

Höhe ist eine Toleranz von plusminus 5 Prozent zulässig.

Die Berechnung für die Höhe des Feuerraumes erfolgt mit folgender Formel: [31]

$h_{FR} =$

$(900 \times m_B - 2 \times A_{FR}) / U_{FR}$

➢ Höhe des Feuerraumes h_{FR} in cm
➢ Bodenfläche des Feuerraums A_{FR} in cm²
➢ Umfang des Feuerraums U_{FR} in cm

Beispielrechnung zur Berechnung einer Feuerraumgröße:

Es werden 15 kg Buchenholz (Hartholz) in einem Grundofen, entsprechend seiner Nennwärmeleistung, verbrannt.

Welche Größe benötigt der Feuerraum des Ofens?

1. Bodenfläche
$A_{FR} = 15$ kg $\times 100$ cm²/kg
$\underline{A_{FR} = 1500}$ cm²

Für die gewählte Holzart beträgt die Bodenfläche des Feuerraums 1500 cm²

---

[31] Pfestorf, Kachelöfen und Kamine handwerksgerecht
gebaut S. 121 f.

2. Umfang

$U_{FR} = 2 \times (\text{Länge} + \text{Breite})$

Gewählte Breite des Feuerraums von 30 cm

$1500 \text{ cm}^2 / 30 \text{ cm} = 50 \text{ cm}$

$U_{FR} = 2 \times (50 \text{ cm} + 30 \text{ cm})$

$\underline{U_{FR} = 160 \text{ cm}}$

Mit der selbst festgesetzten Breite des Feuerraums ergibt sich eine Tiefe von 50 cm. Damit kann der Umfang mit 160 cm ermittelt werden.

3. Höhe

$h_{FR} =$

$(900 \times 15 - 2 \times 1500) / 160$

$h_{FR} = 82,5 \text{ cm} + 5 \%$

$\underline{h_{FR} \approx 85 \text{ cm}}$

Mit der empfohlenen spezifischen Oberfläche von 900 cm² pro Kilogramm Brennmasse kann die Höhe des Brennraums berechnet werden.

Unter Berücksichtigung einer Toleranz von 5 Prozent ergibt sich ein ungefährer Wert von 85 cm Höhe. Mit den somit ermittelten Werten kann die Planung des Feuerraums fortgeführt werden.

Die Berechnung und Festlegung der Brennraumgröße hat großen Einfluss auf den Verbrennungsvorgang und den Wirkungsgrad des Ofens. Bei einem eingebauten Rost ist dieser in seiner Größe und Eigenschaft auf den Feuerraum abzustimmen.

Solche baulich bedingten Gegebenheiten sind bedeutend für das Verhältnis und die Temperatur des Gas-Luftgemischs. Ist diese Temperatur zu niedrig, kann es weder zünden noch ausbrennen und strömt nicht als hocherhitztes Heizgas, sondern als Rauchgas mit niedrigen Temperaturen durch das Zugsystem. Durch die unvollständige Verbrennung der Heizgase verrußen die Züge des Ofens stark. Zudem kann durch eine Rußablagerung und mögliche Bildung von Kondenswasser der Schornstein versotten. Eine Einschränkung in der Wirtschaftlichkeit wäre die Folge, weil der Wirkungsgrad zu niedrig und der Brennstoffverbrauch zu hoch wäre.

6.8. Feuergeschränk-Ofentüren

Bei der Ausführung des Kachelgrundofens mit Rostfeuerung werden zweiteilige Feuergeschränke mit einer Feuertür und darunter angeordneter Aschetür eingebaut. Über die Feuertür ist es möglich den Brennraum zu beschicken und über die Aschetür die Verbrennungsreste mit Hilfe des Ascheschubers zu entnehmen. Durch regelbare Luftschlitze in der Aschetür kann dem Verbrennungsvorgang über den Rost Verbrennungsluft zugeführt werden.

Durch diese Art der Zufuhr wird die Luft am Rost vorgewärmt und die Brennstoffschicht entzündet sich.

Die vorgewärmte Luft vermischt sich mit den Verbrennungsgasen und wirkt sich positiv auf den Verbrennungsvorgang aus.

Feuertüren mit Rosette oder ähnliche Einrichtungen zum Zweck der Luftzufuhr sind bei Rostfeuerungen nicht geeignet. Hierdurch wird der Anteil, der durch Aschetür, Rost und Brennstoffschicht strömenden Verbrennungsluft reduziert. Außerdem hat die einströmende Luft durch die Rosette einer Feuertür eine niedrigere Temperatur gegenüber dem Lufteintritt durch die Aschetür, wodurch die Wirkung schlechter und fraglicher ist.

Der Lufteintritt durch Aschetür und Rost stellt somit die wirkungsvollste Art dar.

Bei Holzbrandöfen ohne Rostfeuerung wird nur eine Ofentür eingebaut, durch die der Brennraum befüllt wird und die restliche Asche entnommen werden kann.

Bild 52: Ofengeschränk

6.9. Gasschlitz

Bei ungestörten Verbrennungsvorgängen vermischt sich die Verbrennungsluft mit den Gasen des entzündeten Brennstoffs. Dieses Gas-Luftgemisch entzündet sich und sorgt für die Flammenbildung beim Abbrand des Brennstoffs. Die einzelnen Vorgänge können jedoch gestört werden und eine eingeschränkte Wirkung des Ofens zur Folge haben.

Ein zu geringer Schornsteinunterdruck kann, z. B. die Ursache für eine unzureichende Zufuhr von Verbrennungsluft sein. Ebenfalls zu wenig Luft wird dem Verbrennungs-vorgang zugeführt, wenn die Rostgröße zu klein bemessen wurde. Auch ein übervoller Aschekasten und bedeckter Rost kann die Luftzufuhr einschränken.

Solche Zwischenfälle sorgen für einen vorherrschenden Luftmangel im Feuerraum. Die aus dem Brennstoff ausgetriebenen brennbaren Gaskomponenten werden dann unzureichend mit Luftsauerstoff versorgt. Sie bleiben unverbrannt und strömen als gebundene Wärme durch das Zugsystem des Ofens und des Kamins ins Freie. Es besteht aber auch die Möglichkeit, dass Rauchgase mit geringem Wärmeinhalt nicht den benötigten Auftrieb haben, um einwandfrei über den Schornstein abzuziehen.

Ohne Erbringung der temperaturabhängigen Leistung, die der Kamin fordert, kann es zu unzureichenden Unterdruckverhältnissen kommen. Daraus resultieren möglicherweise Rauchgasanstauungen im Schornstein, im Zugsystem der Feuerstätte oder im Feuerraum. Die Auftriebskraft des Rauchs wird, aufgrund der Aerodynamik, durch eine höhere Rauchgastemperatur positiv beeinflusst. Diese Zusammenhänge erfordern eine ausgeklügelte und fachgerechte Planung.

Den Kachelgrundöfen wird im Anschluss zum Feuerraum ein Fallfeuer, bestehend aus Fall- und Steigzug, angeordnet.

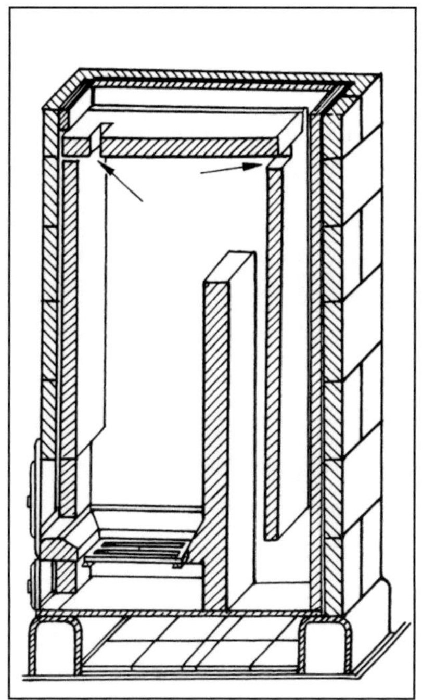

Bild 53: Gasschlitze

Dieses Zugsystem wird von unzureichend temperierten Rauchgasen, bei einer geringen Strömungsgeschwindigkeit, nur schwer oder gar nicht überwunden. Die Rauchgase sammeln sich dann im Brennraum an und können Verpuffungen verursachen.

Um dem vorzubeugen, können kleine Öffnungen in der Feuerraumdecke oder in der Hängewange zwischen Fall- und Steigzug angebracht werden. Über diese so genannten Gasschlitze werden die zu schweren Rauchgase direkt dem Schornstein zugeführt.

Rauchgasanstauungen und Rückströmungen bis in den Brennraum können aber auch noch andere Ursachen haben. Wenn beispielsweise die Feuertür oder die Aschetür zu früh geschlossen wird, bevor Kohle oder Holz vollständig entgast und durchgebrannt sind, kann es zu solchen Problemen führen.

Falls dann keine Verbrennungsluft über Luftschlitze nachströmt, wird die Flammenbildung unterbunden. Der Wärmeinhalt der Glutmasse sorgt dafür, dass die Entgasung weiterhin stattfindet. Diese Gase werden nun mangels

Temperatur nicht mehr abtransportiert und es kommt zu einem Überdruck im Brennraum. Möglicherweise treten die Rauchgase durch Undichtheiten, aufgrund des Druckunterschiedes in den Aufstellungsraum aus.

Wird jetzt die Feuertür geöffnet, um den Brennstoff ausbrennen zu lassen, kann es wegen des

Staus des Rauchgases zu einer Verpuffung oder

sogar zu einer Explosion kommen.

Hierfür ist es ebenfalls sinnvoll, wie oben schon erwähnt,

Gasschlitze beim Bau zu integrieren, damit ein Teilgasstrom dem Schornstein zugeführt werden kann und dadurch einem Überdruck im Brennraum vorzubeugen.

6.10. Abmessung der Gasschlitze

Für eine korrekte Funktionsweise der Gasschlitze müssen diese eine genaue Größenvorgabe erfüllen.

Bei einer Rostfeuerung sollte die freie Querschnittsfläche des Gasschlitzes 1/30 der Rostgröße betragen. Diese Maßvorgabe muss eingehalten werden, um zum einen bei größeren Öffnungen nicht zuviel Gase abströmen zu lassen und zum anderen bei zu kleinen Öffnungen ein Verkleben von Ruß und Flugasche auszuschließen. Eine Abweichung dieser Vorgabe hätte negative Auswirkungen auf Funktion und Wirtschaftlichkeit des Ofens. In Verbindung zur geforderten

freien Querschnittsfläche steht eine festgelegte Breite des Schlitzes von 30 mm.[32] Die entsprechende Länge wird mit Hilfe der Grundfläche des Rostes ermittelt.

Berechnungsbeispiel:

Die Rostgröße eines Kachelofens entspricht 210 mm x 310 mm mit einer Fläche von 651 cm².

Welche Abmessungen ergeben sich für den Gasschlitz?

G = Rostfl. / 30
G = 651 / 30 = <u>21,7 cm²</u>
$\Rightarrow$ 21,7 / 3 = <u>7,2 cm</u>

Mit der festgesetzten Mindestbreite von 30 mm ergibt sich eine Länge von 72 mm für den Gasschlitz.

Der rostlosen Feuerung dient eine andere Formel zur Berechnung. Diese nimmt die in Abhängigkeit zur Nennwärmeleistung ermittelte Brennstoffmasse als Ausgangspunkt:

$G = 1 \times m_B$

---

[32] Pfestorf: Kachelöfen und Kamine handwerksgerecht gebaut S. 134

Daraus ergibt sich aus der berechneten Brennstoffmenge die unmittelbare Größe des Gasschlitzes bzw. Bypasses.

Bei einer angenommenen Brennstoffmenge von   15 kg ergibt sich eine Größe der Öffnung von   3 cm x 5 cm.

Die Aussparungen für die zu trägen Rauchgase können entweder in der Feuerraumdecke oder in der Hängewange angebracht werden. Die Anordnung in der Decke ermöglicht zwar einen leichteren und direkteren Zugang zum Schornstein, beeinträchtigt aber die Stabilität der Ofendecke. Die aufwendigere Ausführung des Bypasses in der Hängewange des Ofens ist daher vorzuziehen, da sie keine markante Beeinträchtigung der Stabilität nach sich zieht.

6.11. Der Weg vom Feuerraum zum Schornstein

Bei der Planung des Kachelgrundofens ist eine möglichst gleichmäßige Betriebstemperatur auf der ganzen Oberfläche des Außenmantels anzustreben. Zudem sollte die Anordnung der Züge so erfolgen, dass die mitgeführte Wärmeenergie der Heizgase beim Durchströmen an die Wände des Ofens möglichst effektiv abgegeben werden kann.

Die Kombination eines Fallfeuers mit liegenden Zügen wird den geforderten Kriterien gerecht. Die Rauchgase durchströmen dabei den Fall- und Steigzug im

Bild 54: Schema eines Grundofens

Unterbau des Kachelofens
und anschließend liegende Züge mit wechselnden Strömungsrichtungen oberhalb der Feuerraumdecke.
Die Heizgase sollen diese Züge auf dem Weg zum Schornstein problemlos durchströmen können, um einen Rauchabgasstau und Flugasche-ablagerungen zu vermeiden.

Die möglicherweise auftretenden Strömungswiderstände werden in drei Kategorien eingeteilt:

➢ Widerstände durch Reibung
➢ Widerstände durch Richtungsänderung

➢ Widerstände durch Querschnittsänderung

Umso rauer die Kanal- oder Schacht-
wandungen, desto höher sind die
Reibungswiderstände. Zugwandungen
sollten deshalb innen möglichst glatte
Oberflächen aufweisen. Überstehende
Verbindungsfugen vom Schamotteaus-
bau sind zu verstreichen und zu glätten.

Die Strömungsbedingungen bei Rich-
tungswechseln lassen sich durch kleine
Rundungen in den Ecken der Züge
verbessern. Abgerundete Innenkanten
begünstigen zusätzlich den Strömungs-
verlauf.

Die Querschnittsänderung lässt sich in
eine Querschnittserweiterung und eine
Querschnittsverengung unterteilen.
Zusätzlich kann zwischen plötzlichen und
allmählichen Querschnittsänderungen
unterschieden werden.

Eine plötzliche Querschnittserweiterung
setzt die Geschwindigkeit der strömenden Heizgase herab, wodurch sich auch
die Wärmeabgabe derselben durch
mangelhafte Berührung mit den Zugwandungen verringert. An diesen Stellen
wird die Ruß- und Flugascheablagerung
größer sein als in den anderen Zügen,
weil sich durch die geringere Strömungsgeschwindigkeit die mitgeführten

schweren festen Teilchen absetzen
können.

Plötzliche Querschnittsverengungen sind
unbedingt zu vermeiden, da sie zu viel
Zugkraft verbrauchen und sich dabei
Rauchgase aufstauen. Die weiteren
anströmenden Gase werden dadurch im
Zugsystem zu stark behindert.

6.12. Zugsystem

Beim Durchströmen des Zugsystems
sollte eine ständige Wärmeabgabe des
hochtemperierten Rauchgases erfolgen.
Dieser Forderung muss mit einer
Anpassung des Zugsystems entgegen
getreten werden. Problematisch hierbei
ist die Volumenabminderung beim
Abkühlen des Rauchgases, weil aufgrund
des geringeren Raumbedarfs kein solider
Wärmeübergang zum Ausbaumaterial
stattfindet. Hierfür müssen die Rauchgase möglichst nah an den Zugwandungen
vorbeiströmen. Um eine optimale
Wärmeausnützung zu erzielen und ein
störungsfreies Abziehen der Rauchgase
zu gewährleisten, müssen die Zugquer-
schnitte dem Rauchgasvolumen angepasst werden. Durch eine Verringerung
des Zugquerschnitts Richtung Schornstein kann eine gleichmäßige Strömungsgeschwindigkeit erreicht werden.
Andernfalls ist es möglich, dass eine zu
niedrige Strömungsgeschwindigkeit in

Verbindung mit einer Entwärmung im Kamin zum Auftriebsverlust führt und die Rauchgassäule zum Stillstand bringt. Die bereits genannten Folgen würden eintreten und für Unbehagen sorgen.

Die Größe des freien Querschnitts eines Zuges, orientiert sich an dem Volumenstrom der Heizgase, welche durch die Züge Richtung Kamin abziehen.

Daraus ergibt sich, dass das Heizgasvolumen von drei Faktoren abhängig ist:

➢ von der Art des Brennstoffs

➢ von der Menge des Brennstoffs

➢ von der Temperatur

Neben den angepassten Querschnitten spielt auch die Zuglänge eine wichtige Rolle. Hierbei wird die in den Heizgasen enthaltene Wärmemenge, bis auf die zum Auftrieb im Kamin benötigte Wärme, entzogen.

Um einer Grundforderung Rechnung zu tragen sollte die Zuglänge pro m² Heizfläche des Ofens einen Meter betragen.

Bei zu gering bemessenen Zuglängen, unabhängig von der Feuerstättenart, treten zu hohe Rauchgastemperaturen auf.

Damit sind Wärmeverluste verbunden, die einerseits einen Energieverlust mit sich bringen und zum anderen die Heizkosten unnötig erhöhen. Im Extremfall nimmt der Schornstein durch zu hohe Abgastemperaturen Schaden. Auf die zu hohen Abgastemperaturen reagieren die verwendeten Materialien, in Verbindung mit ihrer Größe und Anzahl der Fugen unterschiedlich. Kann der Schornstein nicht langsam und gleichmäßig durchwärmt werden, führt es bei Überschreitung der Grenztemperatur möglicherweise zu Risse im Gefüge.

Die Grenztemperatur, z. B. von Beton-Formelementen liegt bei 350° C, wobei abweichende Angaben des Herstellers zu berücksichtigen sind.[33]

Die überhöhten Rauchgastemperaturen, beim Eintritt in den Schornstein, verhindern allerdings auch eine Bauwerksdurchfeuchtung, da sie einer Wasserdampfkondensation im Kamin entgegenwirken.

Probleme können, vor allem dann auftreten, wenn das Zugsystem zu lang ist. Es kommt hierbei zu einer übermäßigen Entwärmung der Rauchgase. Falls die Mindestforderung nach den Fachregeln von 180° C Schornsteineingangstemperatur unterschritten wird, kann der

---

[33] Wild: Selbst Öfen und Kamine bauen S. 66

Kamin durchfeuchtet werden.[34] Dies ist der Fall, wenn die Temperatur der Rauchgase unter die Taupunktgrenze fällt und sich Kondenswasser bildet.

Die anfallenden Komponenten wie z. B. schwere Kohlenwasserstoffe, die im Rauchgas enthalten sind, verbinden sich mit dem kondensierenden Wasserdampf. Die sich bildende braune Flüssigkeit dringt je nach Bauart bedingt gut oder schlecht in das Schornsteinmauerwerk ein und gelangt über die Kapillarwirkung an die äußere Oberfläche. Diese Durchfeuchtung und Verfärbung des Kamins wird als Versottung bezeichnet und stellt eine dauerhafte Schädigung des Schornsteins dar.

Aus diesem Grund ist es sinnvoll für eine genaue Berechnung und Anordnung des Zugsystems den Fachmann zu Rate zu ziehen, der mit Fachwissen und seinen Erfahrungswerten die individuellen Problemlösungen erstellt.

6.13. Rauchgasrohr

Das Rauchgasrohr verbindet das Zugsystem mit dem Schornstein. Es kann dabei entweder aus keramischem Material oder aus Metall gefertigt sein und wird in eine aufgestemmte Öffnung des Kamins gesetzt und eingeputzt. Das Rauchrohr darf dabei sowohl im Schornstein als auch im Kachelofenmantel nicht überstehen, um keine Strömungswiderstände zu verursachen. Für die Größendimensionierung des Rauchrohres ist der freie Querschnitt des letzten Zuges ausschlaggebend. Eine möglichst kurze Verbindung zwischen Kachelofen und Kamin ist anzustreben, um die Auftriebsverluste möglichst gering zu halten. Bei längeren Strecken muss das Rauchrohr mit mindestens 2 Prozent Steigung verlegt und gegen Wärmeverlust gedämmt werden.[35] Diese Verbindung muss absolut dicht sein, damit es zu keinen ungewollten Geruchsbelästigungen kommt. Rauchgasrohre ab einem Meter Länge sollten leicht zu erreichen und über eine dicht schließende Öffnung zu reinigen sein.

---

[34] DIN 18160-1

[35] DIN 18160-1

7. Kombi-Ofen

Schnell warme Luft und Speicherwärme! Es liegt nahe, die Vorteile von Warmluftofen und Grundofen in einem Ofentyp zu vereinen. Das Ergebnis ist der Kombi-Ofen oder „Grundofen mit zwangsläufiger Luftführung".[36] Im Inneren des Kachelofens steht wie beim Warmluftofen ein gusseiserner Heizeinsatz. Um den Heizeinsatz herum, bzw. an einer Seite des Heizeinsatzes wird ein Hohlraum gelassen, in dem die Luft von der metallischen Fläche des Einsatzes sofort erwärmt wird. Diese Luft strömt dann durch ein Lüftungsgitter oder eine Lüftungskachel in den Raum. Die Heizgase im Feuerraum werden über ein Rauchrohr in ein Zugsystem (Speicher) geleitet. Somit erwärmen die heißen Metallflächen des Einsatzes die Raumluft und der heiße Rauch zieht durch die Schamotte-Züge. Dabei wird der Kachelofenmantel aufgeheizt.

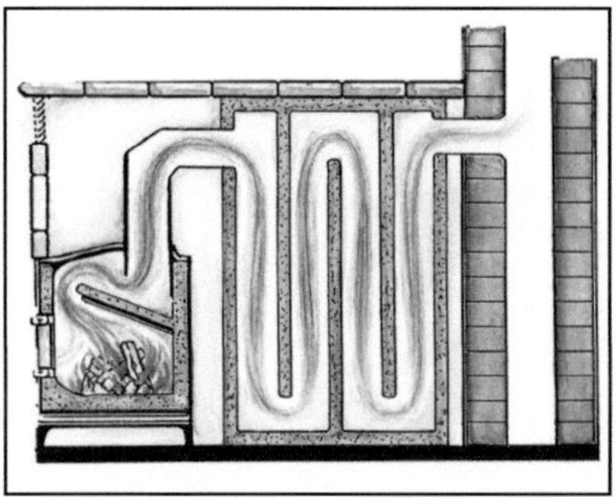

Durch dieses System werden die Vorteile beider Heizsysteme miteinander kombiniert. Von der Gesamtwärmeabgabe des Kombi-Ofens beträgt der Strahlungsanteil zirka 35 Prozent. Zirka 65 Prozent werden als Konvektions-wärme an den Wohnraum abgegeben.[37] Der Kombi-Ofen wird allerdings im Dauerbrand betrieben und benötigt daher mehr Brennmaterial als ein reiner Grundofen.

Bild 55: Schema eines Kombi-Ofens

---

[36] Wild: Selbst Öfen und Kamine bauen S. 20

[37] Wild: Selbst Öfen und Kamine bauen S. 20

8. Weitere Ofensysteme

Neben dem charakteristischen und typischen Kachelofen sowohl als Warmluft- oder Grundofen bestehen auch noch weitere Systeme in abgewandelter Form.

8.1. Heizkamin

Viel Feuersicht und richtige Wärme!
Ein Heizkamin sieht aus wie ein „Offener Kamin". Er kann rustikal oder sehr modern, beispielsweise mit Kacheln oder Marmor gestaltet sein.

Bild 56: Heizkamin

Das Flammenspiel des flackernden Feuers lässt sich über eine großflächig angelegte verglaste Feuertür beobachten. Diese Tür dominiert das äußere Erscheinungsbild des Heizkamins. Hinter dieser Tür verbirgt sich ein Kamin-Heizeinsatz. Sein Funktionsprinzip ist ähnlich dem eines Heizeinsatzes beim Kachelofen.

Auch hier zieht der heiße Rauch über den Schornstein durch das Rauchrohr ab. Dieses ist ebenso wie der Heizeinsatz von einem Hohlraum umgeben. Über eine Öffnung im Sockelbereich gelangt Luft in den Hohlraum. Hier wird diese von den heißen metallischen Flächen des Einsatzes und des Rohres erwärmt. Die nun erhitzte Luft strömt durch Warmluftgitter oder durch Warmluftkacheln im oberen Bereich des Heizkamins in den Wohnraum zurück.

Bild 57: Heizkamin

Durch diese Konvektionswärme, welche die Raumluft relativ schnell aufheizt, wird zuerst der Bereich an der Zimmerdecke warm.

Um in Bodennähe Temperaturen von zirka 19° C zu erreichen, muss die Luft an der Zimmedecke auf zirka 30° C erwärmt werden.[38] Diese Temperaturverteilung lässt sich damit erklären, dass die warme Luft nach oben steigt.

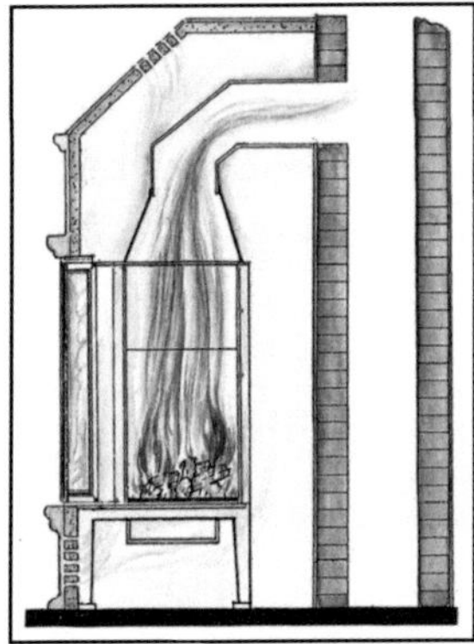

Bild 58: Schema eines Heizkamins

Doch der Heizkamin erzeugt nicht nur warme Luft, sondern liefert auch Strahlungswärme. Das Feuer schickt seine Wärme direkt durch die Glasscheibe in den Raum. Bei der Ausführung der Glasscheibe gibt es verschiedene Möglichkeiten. Der Kunde kann zwischen einer geraden, qudratischen, halbrunden oder rechteckigen Formgebung auswählen.

Bild 59: Heizkamin

Es gibt auch Heizeinsätze, die vorne und an den Seiten verglast sind, um dem Wunsch, möglichst viel von dem Feuer zu sehen, gerecht zu werden.

Bild 60: Heizeinsatz für Heizkamin

8.2. Kachelherde und Backöfen

Kochen und Heizen auf natürliche Weise! Kachelherde oder Holzbacköfen können in einer gemütlichen Küche einen ganz besonderen Charme ausstrahlen. Ein „uriger" Kachelherd weckt Erinnerungen an eine Zeit, in der die Küche geschäftiger Mittelpunkt des Familienlebens war.

---

[38] Wild: Selbst Öfen und Kamine bauen S. 21

Bild 61: Holzofen zum Kochen und Backen

Zudem schätzen die stolzen Besitzer den Mehrfachnutzen von Kochen und Heizen.

Bild 62: Kachelherd mit Backofen

Diese Feuerstätten funktionieren nach dem Prinzip der Grundofenfeuerung.

Bild 63: Ofeneinsatz zum Backen

Mit zunehmender Technisierung entwickelten sich im Laufe der Zeit verschiedene Formen von Herden und so unterscheiden wir heute zwischen Tischherd, Aufsatzherd, Durchheizherd und Backofen mit Kachelofen.

Bild 64: Tischherd

8.3. Kaminofen

Die kleine Alternative!

Der Kaminofen ist als „Schwedenofen" bekannt geworden, nachdem die ersten Kaminöfen aus Skandinavien importiert wurden.

Bild 66: Kaminofen

Zahlreiche Hersteller bieten heute unzählige Modelle mit verschiedenen Formen und Farbvarianten dieser „Wärmemöbel" an. Sogar mit Keramik (Kacheln), Natur- oder Speckstein verkleidet sind Kaminöfen heute zu beziehen.

Bild 65: Schwedenofen

Er bietet eine schnelle und preiswerte Lösung, um ohne große Baustelle das Erlebnis „Feuer" in einer Wohnung zu verwirklichen.

Bild 67: Kaminofen mit Keramikverkleidung

Bild 68: Kaminofen mit Keramikverkleidung

Die metallischen Öfen haben einen meist mit Schamottesteinen ausgelegten Feuerraum mit einer Glastüre.

Bild 69: Kaminofen

Der Kaminofen wird im Raum auf eine Brandschutzplatte gestellt und per Rauchrohr an den Schornstein angeschlossen. Er gibt schnell Wärme über die Glasscheibe bzw. warme Luft über Luftschlitze bei doppelwandigen Kaminöfen ab.

Aber auch bei diesen kleineren Einzelfeuerstätten ist die gesunde Strahlungswärme ein Thema. So gibt es heute Kaminöfen oder Speicheröfen, die sozusagen wie „kleine Grundöfen" funktionieren: Also die Wärme speichern und langsam an den Raum abgeben.

Bild 70: Kaminofen

9. Schornstein

Schornsteine sind die wohl ältesten Maßnahmen zum Umweltschutz und zur Energieeinsparung. Erst die „Erfindung" des Schornsteins erlaubte es den Aufenthaltsbereich des Menschen vor Qualm und Rauch zu schützen. Das bis dahin frei im Raum brennende Feuer konnte somit in ein Gehäuse – den Herd oder Ofen – verbrannt werden. Die gesteuerte Zuführung der Verbrennungsluft ermöglichte eine verbesserte Verbrennung und damit die Herbeiführung eines sparsameren Verbrauchs der wertvollen Energie. Diese Vorteile eines Schornsteins sind das Ergebnis einer geschichtlichen Entwicklung.

Bis ins 11. Jahrhundert war es üblich, dass der Qualm des offenen Feuers seinen Weg durch das Dachgebälk nach außen fand. Während des 13. und 14. Jahrhunderts befassten sich Mönche und Handwerker mit der gezielten Abführung des Rauchs. Sie berechneten hierfür Größe und Höhe von Schornsteinen, damit die Rauchgase ohne Gefahr ins Freie geleitet werden konnten. Der Begriff Schornstein, wie er in seiner heutigen Bedeutung verwendet wird, taucht erst während des 15. Jahrhunderts in Dokumenten auf.[39]

Über die Jahrhunderte hinweg sind die Fortschritte bei der Gestaltung der Feuerstätten eng mit der Leistungsfähigkeit, der zur Verfügung stehenden Schornsteine verknüpft. Die Abgasanlage trug dabei immer zur Energieeinsparung bei. Das Rauchrohr wurde früher, nicht ohne Grund, vom Abgasstutzen des Ofens bis unter die Decke geführt und erst dort in den Schornstein eingeleitet. Bei dieser Ausführung gab es noch eine beachtliche Menge Wärme, die in der Feuerstätte nicht genutzt werden konnte, an den Raum ab.

Die alten Schornsteine waren ursprünglich mit relativ dünnen Wänden und ohne Wärmedämmung ausgebildet, damit sie die Restwärme an die angrenzenden Aufenthaltsbereiche weiterleiten konnten.

Die Entwicklung der Schornsteine, hin zu wärmegedämmten, mehrschaligen Abgasanlagen, war ein Fortschritt gerade mit Blick auf die Energieeinsparung. Diese brachten einen, durch die geringere Abkühlung, verbesserten Schornsteinzug. Sie wirkten dem Kondensatausfall, trotz der immer niedriger werdenden Abgastemperaturen der Feuerstätten, entgegen.

Vorangetrieben wurde diese Entwicklung außerdem durch Erkenntnisse, die aus

---

[39] Hausschornsteine S. 5 f.

öl- und gasbetriebenen Heizanlagen gezogen werden konnten.

Als der Kondensatanfall bereits in der Feuerstätte mit der Entwicklung der Brennwertfeuerstätten zum planmäßigen Konstruktionsziel der Kesselhersteller avancierte, kam die feuchteunempfindliche Abgasanlage auf den Markt. Durch Verwendung ausgewählter, korrosions- und feuchtebeständiger Materialien, teilweise in Verbindung mit einer Hinterlüftung, war sie in der Lage, Abgastemperaturen von weniger als 40° C zu beherrschen.

Bild 71: Schornsteinrohre

Bei sachgerechter Auslegung ihres Querschnitts benötigte diese Version keine mechanische Energie, um die Abgase ins Freie zu transportieren. Diese Technik hat sich bis in die Gegenwart bewährt.

Aber auch in der aktiven Nutzung macht die Abgasanlage weitere Fortschritte, besonders im Hinblick auf die in den Abgasen enthaltene Wärme. Mit den Luft-Abgas-Systemen (zwei nebeneinander voneinander getrennt angeordnete Schächte) war es möglich, trotz inzwischen üblicher niedriger Abgastemperaturen, zum Prinzip der gering wärmegedämmten Abgasanlagen zurückzukehren. Hierbei übernimmt das Luft-Abgas-System gleichzeitig die Aufgabe der Verbrennungsluftzuführung und der Rauchgasabführung der Feuerstätte. Durch den Wärmeaustausch zwischen Abgas und Verbrennungsluft gewinnt die Feuerstätte einen nicht unerheblichen Teil, der in den Abgasen verbleibenden Restwärme, zurück. Abhängig von der außenseitigen Wärmedämmung des Luftschachtes kann diese Wärme entweder mehr der Feuerstätte oder den angrenzenden Räumen zur Verfügung gestellt werden. Selbst bei relativ geringen Längen der Abgasanlage von beispielsweise etwa 10 m können so, ohne besonderen finanziellen Aufwand, mehr als 50 Prozent der enthaltenen Restwärme aus den Abgasen energiesparend und umweltschonend genutzt werden.[40]

Das Luft-Abgas-System wird heutzutage als mehrfach belegte Abgasanlage im mehrgeschossigen Wohnungsbau intensiv genutzt. Allerdings werden die

---

[40] DIN 18160-1

genannten Vorteile der Luftzuführung über einen Luftschacht bei einfach belegten Abgasanlagen, z. B. mit einer im Keller angeordneten Feuerstätte für Festbrennstoffe heute noch vielfach verkannt.

9.1. Funktion des Schornsteins

Die wichtigste Voraussetzung für die Funktion eines Schornsteins ist das Aufbauen eines Schornsteinunterdrucks. Dieser ist eine sich einstellende Größe in Abhängigkeit von der wirksamen Schornsteinhöhe, von der Dichte der Luft und der Rauchgase sowie von den wirksam werdenden Strömungswiderständen in der Feuerungsanlage.

Wird in einer Feuerstätte ein Feuer entfacht, steigen die aus dem Brennstoff entweichenden Verbrennungsgase (Gas-Luftgemisch) infolge von Temperaturerhöhung im Feuerraum nach oben, durchströmen die Rauchgaszüge und den Schornstein und gelangen danach in die freie Atmosphäre.

Durch das Abziehen der Verbrennungsgase muss wieder ein Gas-Luftgemisch nachströmen, da sich kein luftleerer Raum bilden kann. Der Ofen saugt daher aus dem Aufstellungsraum Luft an. Diese sich einstellende Sogwirkung wird als Unterdruck bezeichnet. Damit dieses System funktioniert ist ein Zusammenspiel der Feuerstätte und des Schornsteins nötig, weil keiner dieser beiden die Aufgaben alleine übernehmen kann. Bietet die Feuerstätte dem Schornstein keine Energie an, kann dieser keine Rauchgasfortführung leisten. Dieses Maß der Energie ist abhängig von der Rauchabgastemperatur. Lediglich der Auftrieb der Rauchgase wird mit zunehmender Schornsteinhöhe verbessert.

Jedoch sind auftretende Strömungswiderstände durch Reibung, sowie Richtungs- und Querschnittsänderungen bei einer Berechnung des Unterdrucks zu berücksichtigen.

Zusammenfassend lässt sich feststellen, dass der Schornsteinunterdruck abhängig ist von:

> den Abmessungen des Schornsteins in Höhe und Querschnitt
> der Temperatur und dem Feuchtigkeitsgehalt der Außenluft
> der Temperatur und der Zusammensetzung der Rauchgase
> der Güte und die bauliche Ausführung des Schornsteins
> der Stärke und Richtung des Windes

9.2. Schornsteinquerschnitt

Die Form des inneren Schachtes kann entweder viereckig oder rund sein. Die vorgeschriebene Mindestgröße des lichten Querschnitts muss dabei 100 cm² betragen. Schornsteine aus Mauerwerk haben als kleinste Seitenlänge ihres lichten Querschnitts 135 mm. Bei rechteckigen Querschnitten darf die längere Seite das 1,5fache der kürzeren nicht überschreiten.[41]

Aufgrund der geringeren Reibungswiderstände hat sich die runde Form als am günstigsten erwiesen. Beim gemauerten Schornstein lässt sich wegen seiner Ziegelformate nur ein viereckiger Querschnitt ausbilden. Hierbei ist die quadratische Form aus den erwähnten strömungstechnischen Gründen die sinnvollste. Betonschornsteine sind in ihrer Form, aufgrund der technischen Produktionsmöglichkeiten, einfacher zu gestalten. Die Industrie hat sich dabei auf einen rechteckigen und quadratischen Querschnitt mit gerundeten Innenecken festgelegt.

Für das Abzugsverhalten des Schornsteins stellt die Querschnittsgröße eine entscheidende Komponente dar.

Die Querschnittsgröße ist daher nicht beliebig zu wählen, sondern hängt von der Anzahl der zu erwarteten Anschlüsse und von der Feuerstättenart und -größe ab. Daraus ergeben sich drei weitere Bedingungen für die Abmessung des Schornsteinquerschnitts:

- die Menge der abströmenden Rauchgase
- die Geschwindigkeit des Rauchgasstroms
- die mittlere Temperatur der Rauchgase

Um eine Berechnung der Schornsteinabmessungen durchzuführen ist die DIN 4705 Teil 1 bis 3 zu berücksichtigen.

9.3. Gründung von Schornsteinen

Die Gründung von Schornsteinen muss im untersten Geschoss eines Gebäudes, gewöhnlich im Keller, erfolgen. Eine Ausnahme ist bei Abgasschornsteinen aus dünnwandigen Fertigteilen möglich, diese können auch in anderen Geschossen angelegt werden.

Bei Räumen, die nicht unterkellert sind, darf ein Schornstein nur auf gewachsenem Boden gegründet werden. Diese Forderungen müssen eingehalten werden, um dem Schornstein seine statische Festigkeit und Standsicherheit zu geben.

9.4. Anordnung von Reinigungsöffnungen

Die DIN 18160 Teil 1 setzt hierfür die einzuhaltenden Maße und Bedingungen fest.

---

[41] DIN 18160-1

Die untere Reinigungsöffnung dient sowohl als Zugangsmöglichkeit für den Kehrvorgang des Kaminkehrers, als auch für die Entnahme des anfallenden Kehrichts. Die Norm fordert hierfür eine dicht verschließende Öffnung an der Sohle des Schornsteins. Diese sollte in einer Höhe von 50 cm bis 80 cm von Fußboden bis Unterkante der Türe montiert sein. Die Reinigungsöffnung sollte bei Rauchgasen das Mindestmaß von 10 cm auf 18 cm haben.

Abgasanlagen, die nicht von der Mündung des Schornsteins aus gereinigt werden können, benötigen eine weitere Reinigungsöffnung. Diese darf bis zu 5 m unterhalb der Mündung angeordnet sein.

Bei Abgasanlagen mit einem Abstand zwischen Mündung und unterer Reinigungsöffnung von höchstens 5 m, kann auf die obere Reinigungsöffnung verzichtet werden.

Die Anordnung der Reinigungsöffnungen ist nur in allgemein zugänglichen Fluren oder Räumen erlaubt. Sie dürfen nicht in Wohn- und Schlafräumen, Garagen, Ställen und Räumen mit besonderer Explosionsgefahr und nicht in Aufzugs-, Lüftungs- und Müllabwurfschächten eingebaut werden. Die Reinigungstüren sollten gut und bequem erreichbar und nicht verstellt sein.

9.5. Schornsteine für offene Kamine

Für das Betreiben einer offenen Feuerstätte mit festen Brennstoffen fordert die DIN 18895 erster Teil, dass jeder offene Kamin einen eigenen Schornstein erhält. Nur so ist gewährleistet, dass keine anderen Feuerstätten unliebsame Rauchbelästigungen an der offenen Feuerstätte verursachen, falls diese außer Betrieb ist.

Die Forderung betrifft aber nur Kamine mit offenem Feuerraum. Kamine mit einem Heizeinsatz oder solche mit Kassette verfügen über einen geschlossenen Feuerraum und benötigen im Umkehrschluss keinen eigenen Schornstein.

Von diesen so genannten Heizkaminen dürfen bis zu drei an einen Schornstein angeschlossen werden. Die Rauchrohre müssen hierfür allerdings die geforderten Mindestabstände bei der Anordnung am Schornstein einhalten. Hierfür gilt, dass sie in der Höhe versetzt eingebunden werden müssen. Das Abstandsmaß beträgt mindestens 25 cm von einer bis zur anderen Querschnittsmitte des darüber liegenden Anschlussrohres.

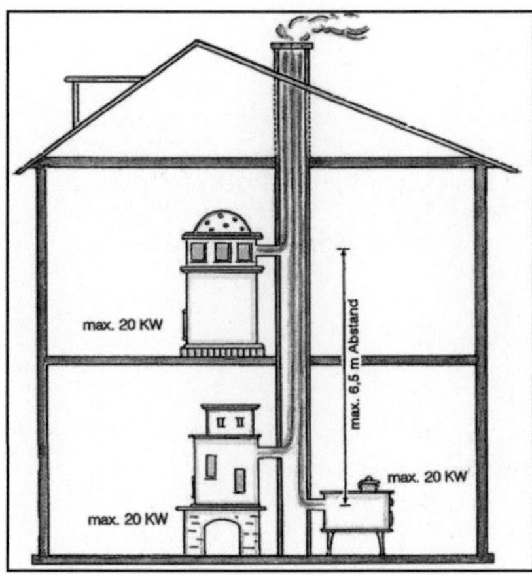

Bild 72: Schema einer Kaminbelegung

Das Muster einer Feuerungsverordnung, in der Fassung vom 24. Februar 1995, dient als Grundlage für die Feuerungsverordnung der Länder. Diese schränkt die Anwendung von Luft-Abgas-Systemen derart ein, dass an diese Systeme nur raumluftunabhängige Gasfeuerstätten angeschlossen werden dürfen. Deren Bauart muss sicher stellen, dass sie für diese Betriebsweise geeignet sind.

Die Abgasanlage ist ein Teil der Feuerungsanlage, die nach den Landesbauordnungen aus Feuerstätte und Abgasanlage besteht. Der Begriff Abgasanlage umfasst als Oberbegriff

alle Anlagen zur Abführung von Abgasen, d. h. Abgasanlagen mit unterschiedlichen Eigenschaften wie Schornsteine, Abgasleitungen und Luft-Abgas-

Systeme, aber auch Teilbereiche von Abgasanlagen wie Verbindungsstücke oder Schornsteine.

Doch bevor die Heizgase über die Abgasanlage bzw. den Schornstein ins Freie geleitet werden können, muss das Nachströmen der Verbrennungsluft betrachtet werden. Hierbei wird zwischen einer raumluftabhängigen und raumluftunabhängigen Feuerstätte unterschieden.

9.6. Raumluftabhängige Feuerstätten

Der ordnungsgemäße Betrieb von Feuerstätten erfordert eine ausreichende Zufuhr von Verbrennungsluft, die bei raumluftabhängigen Feuerstätten dem Aufstellraum der Feuerstätte entnommen wird. Um die Betriebssicherheit der Feuerungsanlage sicherzustellen, muss die entzogene Luftmenge aus dem Freien nachströmen können. Hierzu sind bei Räumen, die nicht zum dauernden Aufenthalt dienen, in der Regel Zuluftöffnungen in den Außenwänden vorzusehen. Die Größe solcher Öffnungen ist abhängig von der Nennwärmeleistung der Feuerstätte. In der Feuerstättenverordnung der Länder ist eine entsprechende Größeneinteilung der Zuluftöffnungen festgelegt.

Bei Aufstellräumen innerhalb von Wohnungen muss die benötigte Verbrennungsluft durch die Undichtheiten der Fenster und Außentüren in den Raum einströmen können.

Die Vorschriften der Feuerungsverordnungen unterstellen hierbei eine Korrelation zwischen der Durchlässigkeit der Gebäudehülle und dem Rauminhalt der Räume mit Türen ins Freie oder mit Fenstern. Bei einem Rauminhalt von mindestens 4 m³ je kW Nennwärmeleistung der aufgestellten Feuerstätten und einem Unterdruck von höchstens 0,04 mbar gegenüber dem Freien soll der mindestens erforderliche Verbrennungsluftvolumenstrom von 1,6 m³ pro Stunde je kW Nennwärmeleistung in den Aufstellraum einströmen.[42] Wird das vorstehende Raum-Leistungs-Verhältnis nicht eingehalten, können mehrere Räume mit Türen ins Freie oder mit Fenstern durch Lüftungsöffnungen zwischen den Räumen zu einem Verbrennungsluftverbund zusammengefasst werden.

Bild 73: Schema einer Zuluftführung

9.7. Raumluftunabhängige Feuerstätten

Raumluftunabhängige Feuerstätten können unabhängig von der Raumgröße und der Lüftung des Aufstellraumes betrieben werden. Sie sind, aufgrund ihrer Bauart, gegenüber dem Aufstellraum derart dicht, dass Abgase nicht in gefährlicher Menge in den Aufstellraum der Feuerstätte austreten können. Die für die Verbrennung erforderliche Luft, wird von außen über Leitungen direkt der Feuerstätte zugeführt. Die Verbrennungsluft kann entweder von einer Außenwand oder wie bei Luft-Abgas-Systemen üblich, vom Dach aus dem Bereich der Mündung der Abgasanlage zur Feuerstätte transportiert werden.

---

[42] DIN 18160-1

84

9.8. Allgemeine Anforderungen an Abgasanlagen

Abgasanlagen sind so anzuordnen, zu errichten, zu ändern und in Stand zu halten, dass die Umwelt und die öffentliche Sicherheit nicht gefährdet werden. Baumaterialien dürfen nur entsprechend ihres Verwendungszweckes und unter Berücksichtigung der zuständigen Landesbauordnung verbaut werden.

Von den technischen Baubestimmungen kann abgewichen werden, wenn eine andere Lösung die allgemeinen Anforderungen im gleichen Maße erfüllt.

Unter Berücksichtung der Normen, Landesbauordnungen und Vorschriften der Feuerungsverordnung müssen die Schornsteine bzw. Abgasanlagen bestimmte Anforderungen erfüllen. Da es eine Vielzahl von gesetzlichen Vorgaben gibt, möchte ich mich hier auf die bedeutendsten Bestimmungen beschränken.

9.9. Brandschutz

Eine wichtige Anforderung, die der Kamin zu erfüllen hat, ist der Brandschutz, um weder Mensch noch Gebäude zu gefährden. Daher sind bei Abgasanlagen, für die Gewährleistung der Brandsicherheit, zwei unterschiedliche Schutzziele zu beachten.

a)

Da Abgasanlagen im Allgemeinen innerhalb eines Gebäudes Etagen überbrücken, müssen sie so beschaffen sein, dass sie nicht zu einer gefährlichen Ausbreitung eines Schadensfeuers beitragen.

b)

Abgasanlagen können Abgastemperaturen aufweisen, die oberhalb der Entzündungstemperatur brennbarer Baustoffe liegen. Deshalb müssen sie so wärmegedämmt oder so angeordnet sein, dass durchströmende Abgase sowie gegebenenfalls Rußbrände im Inneren einen Brand im Gebäude nicht durch die Entzündung angrenzender brennbarer Baustoffe auslösen können.

Zur Vermeidung der Brandausbreitung im Gebäude müssen Abgasanlagen in der Regel eine Feuerwiderstandsdauer von 90 Minuten haben.[43]
Das bedeutet, dass einschalige Abgasanlagen oder die Außenschalen mehrschaliger Abgasanlagen bei einer Brandbeanspruchung von außen mindestens 90 Minuten standsicher bleiben. Sie müssen außerdem aus solchen Baustoffen bestehen, dass die Übertragung eines Brandes im Gebäude in ein anderes

---

[43] DIN 18160-1

Geschoss durch Wärmeleitung ausgeschlossen ist.

In Abgasanlagen können abhängig von der Art der Feuerstätte auch unter normalen Betriebsbedingungen sehr hohe Temperaturen auftreten. In Schornsteinen, an denen Feuerstätten für feste Brennstoffe angeschlossen sind, muss zusätzlich mit dem Auftreten von Rußbränden gerechnet werden. Dabei können in der Abgasanlage kurzzeitig Temperaturen bis weit über 1000° C auftreten. Da viele Feuerstätten langzeitig in Betrieb sind, ist davon auszugehen, dass die Erwärmung der Abgasanlage durch das Abgas oder durch einen Rußbrand auch zu einer erheblichen Erwärmung, der an die Abgasanlage angrenzenden Wände führt. Bestehen diese aus brennbaren Baustoffen, können sich die verwendeten Materialien außerordentlich hoch erwärmen und einen Brand innerhalb des Gebäudes verursachen. Daher lässt die DIN 18160 Teil 1 nur Temperaturen von bis zu 100° C an der Oberfläche des Schornsteins, im Falle eines Rußbrandes, zu.

Aus Sicherheitsgründen müssen Dachbalken aus Holz einen Abstand von 5 cm zum Schornstein haben.[44] Dachlatten hingegen können direkt am Verputz anliegen. Eine Sparrendurchdringung muss mit Wärmedämm-material umgeben und mit Beton ausgegossen werden, um eine höhere Standsicherheit zu erreichen.

Um einer Aufheizung angrenzender Bauteile entgegenzuwirken, können folgende Maßnahmen getroffen werden:

a)

Eine gute Wärmedämmung auf der Außenseite des Kamins wirkt der unkontrollierten Aufheizung angeschlossener Bauteile entgegen.

b)

Durch eine große Masse der Schornsteinwände kann, vor allem bei Temperaturspitzen im Falle eines Rußbrandes, eine Gefährdung des Gebäudes vermindert werden.

c)

Ein offener Zwischenraum zwischen Schornsteinoberfläche und nahe liegenden Bauteilen verhindert eine übermäßige Wärmeübertragung. Dieser Abstand muss offen bleiben, damit durch Luftzirkulation die anfallende Wärme abgeführt wird, ohne dass es zu einem Wärmestau mit entsprechender Aufheizung angrenzender Bauteile kommt.

---

[44] Hausschornsteine S. 131

86

d)

Der Schornstein wird wie von einer zweiten Haut jedoch mit Hinterlüftung umschlossen. In diesem Schacht kommt es, aufgrund der thermischen Wirkung, zu einer ständigen Luftströmung, welche bei ausreichendem Querschnitt eine unzulässige Erwärmung angrenzender Bauteile verhindert.

9.10. Dichtheit

Hinsichtlich der Anforderungen an die Dichtheit von Abgasanlagen müssen zwei verschiedene Sachverhalte unterschieden werden:

➤ Die Abgase lassen sich durch thermischen Auftrieb (Unterdruck) beziehungsweise Überdruck abführen oder

➤ die Abgasanlage befindet sich innerhalb oder außerhalb des Gebäudes.

Die Anforderungen an die Dichtheit müssen berücksichtigen, dass bei Abgasanlagen für Unterdruck, auch im Falle von kurzzeitigem Überdruck, kaum Abgas in Aufenthaltsräume austreten darf. Während des Betriebs der Feuerstätte darf keinesfalls Falschluft in den Abgasweg eintreten, so dass der notwendige Förderdruck für die Feuerstätte nicht mehr erbracht werden könnte.

Die Anforderungen an die Produkte und die Bauart von Abgasanlagen, für die Ableitung von Abgasen mit planmäßigem Überdruck, müssen sicherstellen, dass Abgase im Gebäude nicht in bedrohender oder in unzumutbar belästigender Menge austreten können. Schornsteine, Abgasleitungen, Verbindungsstücke und Luft-Abgas-Systeme, die unter Überdruck betrieben werden, müssen innerhalb von Gebäuden vollständig in Räumen liegen, in denen ein ständiger Frischluftaustausch stattfindet. Soweit sie in Schächten liegen, müssen sie über die gesamte Länge und den gesamten Umfang hinterlüftet werden oder so beschaffen sein, dass Abgase nicht in bedenklicher Menge austreten können.

9.11. Feuchteschutz

Bei gemauerten Schornsteinen kann es, wegen eines unzureichenden Feuchteschutzes, zu einer Versottung kommen. Um den Kamin vor einer solchen dauerhaften Schädigung der Bausubstanz infolge einer Durchfeuchtung zu bewahren, muss verhindert werden, dass innerhalb der Abgasanlage und ihrer Verkleidung Feuchtigkeit entsteht. Physikalisch gesehen bedeutet dies:

Der Partialdruck (Teilbereichsdruck in der Abgasanlage) des Wasserdampfs muss von innen nach außen schneller abnehmen als dessen Temperatur. Ob es zu einem Feuchteausfall kommt, hängt in erster Linie von dem Sättigungsdampfdruck des Wasserdampfes ab. Aufgrund der Länge des Schornsteins und der zunehmenden Abkühlung der Rauchgase entsteht ein abnehmendes Temperaturprofil zum Ende der Abgasanlage. Ist der Sättigungsdampfdruck für das gesamte Temperaturprofil höher als der Partialdruck des Wasserdampfes kommt es zu keinem Feuchteausfall. Diese Situation wird durch eine höhere Abgastemperatur begünstigt.

Dadurch entsteht eine geringe Spannweite für die Abgastemperatur. Ziel ist es, zum einen mit einer niedrigeren Abgastemperatur möglichst wirtschaftlich zu agieren, zum anderen den Feuchteschutzanforderungen durch eine höhere Abgastemperatur gerecht zu werden.

Durch dampfdichte äußere Verkleidungen wird die Gefahr des Feuchteausfalls innerhalb der Abgasanlage oder an der Grenze zur Verkleidung erhöht, da der Partialdruck nicht wesentlich bis zur Verkleidung abgebaut wird. Umgekehrt kann eine Wärmedämmung auf der Außenseite der Abgasanlage die Temperatur so weit anheben, dass der Gefahr

des Feuchteausfalls entgegengewirkt wird.

Moderne Abgasanlagen deren innerste Kaminhülle aus feuchteunempfindlichen Materialien bestehen wie z. B. Edelstahl, lassen eine niedrigere Abgastemperatur zu. Es muss allerdings ein Kondensatausfall in Kauf genommen werden. Für die anderen Züge und Verbindungsrohre, die zur Abgasanlage dazugehören, sind die Kriterien für den Feuchteschutz dennoch zu erfüllen.

Ein solcher Edelstahlkamineinsatz kann auch nachträglich eingebaut werden, um einen Schornstein zu sanieren. Mit der Veränderung des Querschnitts kann das Zugverhalten verbessert werden, um ein zufrieden stellendes Ergebnis zu erzielen.

Bei der Durchdringung der Dachhaut ist darauf zu achten, dass der Schornstein nicht nass werden darf. Eine entsprechende Abdichtung kann mit Blechen erreicht werden, die dicht anliegen oder in die Mauerwerksfugen beziehungsweise in den Putz eingreifen. Diese Art der Schornsteinabdichtung gegenüber der Dachhaut wird als „Verwahrung"[45] bezeichnet.

---

[45] Hausschornsteine S. 131

9.12. Anordnung von Abgasanlagen

Die Hauptaufgabe eines Schornsteins besteht darin die Abgase sicher ins Freie abzuführen. Dazu müssen die Lage der Kaminmündung und die Höhe des Schornsteins über das Dach hinaus aufeinander abgestimmt sein. Dies ist ausschlaggebend für eine einwandfreie Funktion. Eine richtige Anordnung des Schornsteins ist nötig, um das Eindringen von Abgasen in den Wohn- und Aufenthaltsbereich des Gebäudes zu verhindern. Selbstverständlich müssen unzumutbare Belästigungen wie z. B. Geräuschübertragung von der Mündung des Schornsteins zu angrenzenden Aufenthaltsbereichen vermieden werden. Die Schornsteinmündung sollte zu Fenstern, Zuluftöffnungen, Balkonen oder anderen ungeschützten Bauteilen aus brennbaren Stoffen einen waagerechten Abstand von mindestens 1,5 m haben. Sollte dies nicht möglich sein so muss die Mündung der Abgasanlage diese, um mindestens 1 m überragen.[46]

Laut DIN 18160 Teil 1 müssen die Mündungen von Abgasanlagen den First um mindestens 40 cm überragen oder von der Dachfläche im rechten Winkel zu ihr mindestens 1 m entfernt sein. Bei Bedachungen oder Aufbauten aus brennbaren Baustoffen soll im Falle eines Funkenfluges oder Russbrandes der Brandgefahr präventiv entgegen gewirkt werden. Das heißt bei einer weichen Dacheindeckung wie z. B. Stroh oder Schilf ist es erforderlich, dass die Schornsteine am First austreten und diesen, um mindestens 80 cm überragen.[47] Zur Vermeidung unnötiger Belästigungen durch einen Schadstoffaustritt oder der Übermittlung von Geräuschen, empfiehlt es sich, die größtmöglichen Abstände anzustreben, da die Windverhältnisse stark wechselnd sein können.

Ziel bleibt es, die Abgase in den freien Windstrom einzuleiten. Kommt es wegen Hindernissen zu Luftverwirbelungen, können einzelne kleine Luftströme in den Schornstein eindringen und dem Unterdruck der Abgasanlage entgegenwirken. Solche Windverwirbelungen verursachen möglicherweise Rauchbelästigungen in den Wohnräumen und bewirken unter Umständen ein Versagen der Feuerstätte. Aus diesen Betrachtungen heraus sollten Schornsteinmündungen weder von höheren Hausgiebeln und steilen Dachflächen noch von hohen Bäumen überragt werden. Der über einen frei stehenden Schornstein strömende Wind fördert den Schornsteinunterdruck,

---

[46] Hausschornsteine S. 131

[47] Hausschornsteine S. 131

indem er die Rauchgase mit sich fort-
reißt.

Ähnlich verhält es sich mit den Dachfor-
men. Hier können auftretende Fallwinde
auf der Lee-Seite (Wind abgewandte
Seite) ebenfalls die Funktion des Schornsteins negativ beeinflussen. Hierzu ist zu
sagen:

Je steiler das Dach ist, desto weniger
Beeinträchtigungen, aufgrund von
Fallwinden, gibt es.

Eine Erhöhung des Schornsteins bringt
bei Versagen seiner Funktion nicht
immer eine kompetente Lösung mit sich.
Vielmehr muss bei Störfällen genau
geprüft werden, welchen Windeinflüssen
der Schornstein ausgesetzt ist.
Eine mögliche Abhilfe könnte hier der
Aufbau eines drehbaren Aufsatzes
schaffen.

Die Schornsteinköpfe sollten wegen
einer zunehmenden Windangriffsfläche
nicht höher als ihre Mindestforderung
gebaut werden. Hohe Schornsteine
können bei starkem Wind übermäßig
stark schwanken und Undichtheiten in
der Dachhaut sowie in sich selbst
verursachen. Nicht zuletzt erschweren
hohe Schornsteine dem Kaminkehrer die
Reinigungsarbeiten.

10. Offener Kamin

10.1. Entwicklung

Das Feuer hatte für unsere Vorfahren schon eine bedeutende Rolle. Es kam sowohl im täglichen Leben als auch beim Ausleben von kulturellen und rituellen Handlungen zum Einsatz. Die vielfachen Verwendungsmöglichkeiten des Feuers sind nicht nur auf die wärmespendende Funktion beschränkt, sondern lösen auch eine faszinierende Wirkung beim Menschen aus.

Aufgrund von Funden lässt sich belegen, dass es die Menschen von Anfang an verstanden sich die Vorteile des Feuers zu Nutze zu machen. Die Geschichte zeigt, wie das offene Feuer zuerst unter freiem Himmel, dann in den Höhlen und später, als die Menschen sesshaft wurden, in den Hütten zur Anwendung kam. Eine Vertiefung im Boden der Hütte, die häufig mit Steinen eingefasst war, diente als Feuerherd. Der dabei freigesetzte Rauch zog über die Ritzen des Daches und der Hüttenwände ins Freie ab. Erst allmählich wurden Schornsteine aus Lehm und Weidengeflecht gebaut. Der Rauch strömte durch eine Rauchhaube nach draußen. Sie wurde am Gebälk der Dachkonstruktion befestigt und unter ihr die Feuerstelle angeordnet.

Wegen der hohen Brandgefahr wurde der Feuerherd an einer massiven Wand des Hauses platziert, die aus Steinen, mit Lehm als Mörtel, errichtet worden war. Daraus hat sich dann nach weiteren Verbesserungen und Erfahrungen, der uns heute bekannte offene Kamin entwickelt.

Die ersten Kamine, wie wir sie kennen, lassen sich auf den Anfang des 9. Jahrhunderts zurückzuführen.[48]
Sie bestanden aus einer einfachen Nische in einer dicken Mauer. Der Rauch entwich über ein Loch in der Wand ins Freie.

Vor allem in Burgen und Schlössern nahm der Kamin immer vollkommenere Dimensionen an.

Das Feuer wurde mit einem Rauchfang, der an einen Schornstein angeschlossen war, überdeckt. So konnte der Rauch abtransportiert werden. Der Rauchfang wurde von Konsolen oder seitlichen Wänden gestützt und getragen.

Anfangs waren die offenen Kamine eher schlicht und einfach gehalten. Doch zur Zeit der Romantik wurden sie mit Wappen und Emblemen dekoriert und

verziert. Mit der Zeit der Spätgotik und der Frührenaissance war der Höhepunkt

---

[48] Grohmann: Kachelofen und Kamin S. 5

der monumentalen Kamine in Zentraleuropa erreicht. In der Renaissance-, Barock- und Rokokozeit wurden sie als reich verzierte Prunkwerke gestaltet.

Im Laufe der Zeit hat sich der offene Kamin nicht nur gestalterisch verändert, sondern auch feuerungstechnisch

verbessert. Dies hat aber wenig an der Tatsache verändert, dass die offene Feuerstelle heiztechnisch gesehen nicht als wirtschaftlich bezeichnet werden kann. Trotzdem kann der offene Kamin in der Übergangszeit oder bei außergewöhnlichen Kälteeinbrüchen als zusätzliche Heizmöglichkeit neben einer anderen Wärmequelle dienen. In den holzreichen skandinavischen Ländern ist es durchaus üblich ihn als einzigen Wärmespender zu nutzen.

Bild 74: Historischer offener Kamin

Als klassisches Land des offenen Kamins (fire-place) ist England zu nennen, das über mehrere Jahrhunderte fast ausschließlich auf diese Art Adelsschlösser, Bauernhöfe und Bürgerhäuser beheizte. Dies war möglich, weil der milde Golfstrom sich positiv auf das Klima des Landes auswirkt. In Frankreich, Belgien und der Niederlande also in ebenfalls gemäßigten Klimazonen war der offene Kamin, der „cheminée",[49] vor allem in Edelsitzen und Herrenhäusern beliebt.

Seine größte Verbreitung hat er in Amerika erfahren.

Aufgrund seiner geringen und unwirtschaftlichen Heizleistung erfreut sich in unseren Breiten der offene Kamin eher weniger Beliebtheit. Liebhaber hingegen sehen ihn als tektonisches Gestaltungsmittel. Hier kann sich der Kaminbesitzer ein ganz individuelles und ausgefallenes Einzelstück fertigen lassen. Gerade das Anordnen und Zusammenfügen von einzelnen Bauteilen macht den offenen Kamin für die Innenarchitektur interessant. Im Hinblick auf die verwendbaren Werkstoffe bieten sich dem Architekten und Kunsthandwerker vom Naturstein bis zur modellierten Majolikaplatte (nach der Insel Mallorca benannt) vielfältige Möglichkeiten der künstlerischen Gestaltung.

---

[49] Barran: Der offene Kamin   S. 8

Die offene Feuerstelle verleiht dem Raum durch das lodernde Spiel der Flammen eine lebendige Atmosphäre.

Somit hat der offene Kamin auch in unserem modernen Zeitalter mit moderner Heiz- und Feuerungstechnik seine Freunde gefunden. Das begründet sich nicht zuletzt mit der individuellen Möglichkeit der Formgebung, sondern auch mit der wohligen Wärme des lodernden Feuers.

Beim offenen Kamin ist der Feuerraum mit Schamottesteinen ausgelegt und das offene Holzfeuer ist zum Raum hin ausgerichtet. Die Wärme wird nur als Strahlungswärme aus der Feueröffnung abgegeben.

Gerade in den letzten 50 Jahren hat sich der Kaminbau weiterentwickelt und sich dem heutigen Stand der Technik angepasst. Die moderne Heiz- und Feuerungstechnik bietet die Möglichkeit, den Kamin mit geschlossenem Feuerraum in der Art eines Kamineinsatzes bzw. einer Kaminkassette als vollwertige Heizquelle zu nutzen. Durch den Einsatz dieser Technik lässt sich der Wirkungsgrad entscheidend verbessern. In den Augen echter Liebhaber verfälscht eine feuerfeste Glastüre jedoch den typischen Charakter des „klassischen" Kamins.

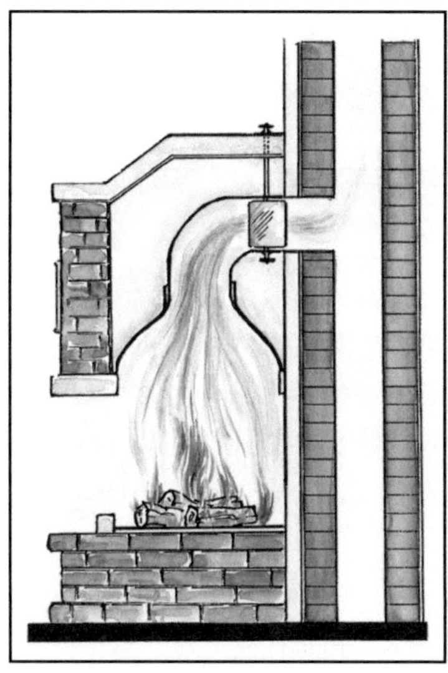

Bild 75: Schema eines offenen Kamins

Bild 76: Heizkamin mit Glastür

Nach der Definition des Baurechts gelten diese Feuerstellen mit Kaminkassette als offene Kamine:

„Offene Kamine sind Feuerstätten, die bestimmungsgemäß mit offenem Feuerraum betrieben werden."[50]

Dies legen die Bestimmungen der Kleinfeuerungsanlagen-Verordnung fest. Als offener Kamin im Sinne der Verordnung gilt nicht nur der klassische offene Kamin:

Auch mit Feuertüren ausgestattete Heizkamine oder Kaminöfen, die sowohl offen als auch geschlossen betrieben werden können, sind im Sinne des Gesetzes offene Kamine – anders als bei Heizkaminen mit selbst schließenden Türen.[51]

Bild 77: Heizkamin

---

[50] http://www.rp-onli-ne.de/public/article/ratgeber/bauen+wohnen/wohnen/27808 02.10.2004
[51] http://www.rp-onli-ne.de/public/article/ratgeber/bauen+wohnen/wohnen/27808 02.10.2004

Heizkamine lassen sich daran erkennen, dass die Türen beim Einlegen von Brennmaterial festgehalten werden müssen und dadurch nur im geschlossenen Zustand betrieben werden können.

Im Gegensatz zu Kaminen mit Heizkassetten können sie auch bei geöffneten Feuertüren befeuert werden.

Bild 78: Heizkamin

Bei offenen Kaminen ist zu berücksichtigen, dass diese nach der Kleinfeuerungsanlagen-Verordnung nur gelegentlich betrieben werden dürfen. Eine solche Feuerstätte darf daher nicht im Dauerbrand betrieben werden, etwa um einen Wohnraum zu beheizen. Zu dieser Bestimmung der Kleinfeuerungsanlagen-Verordnung kam es, weil offene Kamine als Wohnraumheizung nicht dem Stand der Technik entsprechen.

Laut eines Gerichtsurteils des Oberverwaltungsgerichts Rheinland-Pfalz in

Koblenz, darf ein einzelner offener Kamin nicht mehr als an acht Tagen je Monat für jeweils fünf Stunden betrieben werden.

Dieses Urteil muss allerdings nicht als bundesweit geltender Maßstab angesehen werden. Das Ausmaß der Betriebseinschränkungen hängt vielmehr von den örtlichen Behörden und den Rahmenbedingungen des Einzelfeuers ab.

10.2. Offener Kamin und Raumgestaltung

In der heutigen Zeit stellt der Kamin in seiner offenen Bauweise keine lebensnotwendige Einrichtung mehr da. Er sollte aber trotzdem nicht nur als bloßes Dekorationsstück betrachtet werden, da sein Flammenspiel eine angenehme Atmosphäre erzeugt.

Die Wirkung des offenen Kamins wird beeinflusst durch seine Lage innerhalb der Wohnung bzw. des Hauses. Durch vielfältige Gestaltungsmöglichkeiten und der Bestimmung der Dimension der Feuerstelle wird der Kamin zum Blickpunkt eines Raumes.

Allerdings muss der Architekt oder der Ofenbauer ihn so planen, dass er günstig zu Fenstern und Türen angeordnet wird. Für den Standort sollte eine Wand oder eine Ecke ausgewählt werden, vor der sich eine Sitzgruppe gut anordnen lässt. Natürlich kann der Kamin auch frei im Raum stehen, zwingend ist jedoch eine Verbindung zum Schornstein. Er sollte immer einen Zentralpunkt des intimen Wohnens bilden. Allgemeingültige Regeln lassen sich für die Platzauswahl nicht aufstellen, da die Lage vom individuellen Raumprogramm abhängig ist. Von Vorteil ist es darauf zu achten, dass dieser Ort abseits von regem Durchgangsverkehr liegt. Andernfalls würde sonst die gemütliche Atmosphäre, die der offene Kamin vermittelt, gestört. Ziel ist eine Atmosphäre der Ruhe um das Kaminfeuer zu schaffen. Auch wenn der Kamin nicht betrieben wird, soll ein angenehmes Sitzen im Wohnraum möglich sein.

Diesem Anreiz gerecht zu werden, ist nicht immer leicht. Deshalb sollte der Raum nicht allzu klein sein.

Bei der Herausbildung ästhetischer Maßstäbe spielt der Wohnraum eine große und wichtige Rolle. Ein offener Kamin stellt einen festen Bestandteil einer Wohnung dar und sollte den Erfahrungen und Erkenntnissen im Bereich der Wohnkultur gerecht werden. Er muss deshalb in funktioneller und gestalterischer Hinsicht flexibel und vielfältig geplant werden können. Keinesfalls darf er als keramisches

Denkmal vorherrschen und ringsum alles erdrücken. Er soll sich harmonisch einordnen, nicht nur in Form und Größe, sondern auch in seiner Farbe.

Eine Feuerstätte, egal ob Kachelofen, offener Kamin oder jede andere Feuerstättenart steht in unmittelbarer Beziehung zur Wohnung und ihrer Einrichtung. Daher ist es besonders wichtig, dass die Feuerstätte mit der Wohnungseinrichtung harmoniert. Das heißt, dass die Dekoration der Wände, Holzart und Stil der Möbel, Struktur und Farbe des Fußbodenbelags an die Feuerstätte angepasst ist.

Umgekehrt muss natürlich auch der Kachelofen oder der offene Kamin auf die Wohnungseinrichtung abgestimmt sein. Besonders wichtig ist dies, wenn die Feuerstätte nachträglich in den fertigen Wohnraum eingegliedert werden soll. Die Gestaltung des offenen Kamins muss so gewählt werden, dass er sich in die vorhandenen Einrichtungsgegenstände einfügt, mit dem Wohnensemble harmoniert und zu einer gediegenen Raumatmosphäre beiträgt.

Aber nicht nur das Einfügen des Kamins in eine bestehende Gesamtheit von Einrichtungsgegenständen soll gelingen, auch für das Zusammenwirken verschiedener Materialien an der Feuerstätte selbst gibt es gestalterische Grundsätze. Leider werden sie nicht selten außer Acht gelassen. Gerade moderne Gestaltungsvarianten wollen die Produktpalette oftmals voll ausnützen. Dabei kann es passieren, dass Materialien zum Einsatz kommen, die in sich nicht stimmig sind und nicht miteinander harmonieren.

Es will daher gut überdacht sein Kacheln, Klinker, Natursteine, Putzflächen, Eisen und Chrom wahllos aneinander und übereinander anzuordnen. Hier ist zu beachten, dass dabei nicht nur der Kamin in seiner Wirkung zerrissen wird, sondern auch die Eigenart der einzelnen Werkstoffe verloren geht. Jedes Material hat seinen eigenen Charakter und seine individuelle Aussagekraft.

Die Keramikfläche wirkt eher sauber und ruhig, wenn sie allein steht, verputzte Flächen werden dadurch aufgelockert und in ihrer Größenwirkung eingeschränkt.

Bild 79: Verputzter Kamin

Die Klinker- und Natursteinflächen überzeugen durch eine rohe und rustikale Oberfläche. Metalle hingegen können viel feiner und graziler eingesetzt werden. Die Oberflächenwirkung hängt jeweils vom Material und seiner behandelten Oberfläche ab. Chrom oder verchromte Metalle sind glatt und edel glänzend.

Bild 80: Edelstahlkamin

Edelstahle dagegen sind eher matt in ihrer Wirkung.

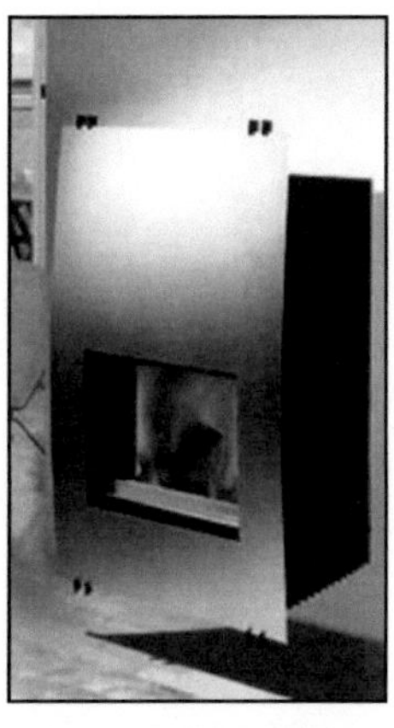

Bild 81: Edelstahlkamin

Rustikal wirken, vor allem schwarz gehaltene handgeschmiedete Eisenteile. Die unterschiedlichen Materialien müssen nicht nur auf den Kamin abgestimmt sein, sondern auch zur Umgebung passen.

10.3. Anwendungsbereiche von offenen Kaminen

Die DIN 18895 Teil 1 ist die gültige Norm für handwerklich erbaute Kamine mit offenem Feuerraum. Sie bestimmt die sicherheitstechnischen Anforderungen an offenen Kaminen, die vor Ort hergestellt und mit dem Gebäude fest verbunden werden sowie die Voraussetzungen für deren Aufstellräume, Verbindungsstücke und Schornsteine. In den offenen Kaminen dürfen nur Brennstoffe zum Abbrand verwendet werden, die in der Ersten Verordnung zur Durchführung des Bundes- Immissionsschutzgesetzes (1.BImSchV) aufgeführt sind.

Da bei Kaminen zwischen offener Bauweise und der Bauweise mit Kaminkassette unterschieden werden muss, ist folgendes zu beachten:

Bei offener Betriebsweise ist ausschließlich trockenes, naturbelassenes Scheitholz zu verwenden. Im Falle der geschlossenen Betriebsweise dürfen entsprechend den Angaben des Herstellers auch Braunkohlenbriketts und Steinkohlenbriketts verwendet werden. Wie zuvor bereits erwähnt, können Kamine mit Kaminkassette durchaus im offenen Zustand betrieben werden. (Dies ist das Kriterium weshalb sie trotz trennender Feuertür zu den offenen Kaminen gezählt werden.) Bei geöffneter Kaminkassette gilt selbiges für die Auswahl des Brenngutes, wie für die Betriebsweise eines offenen Kamins.

Bei Flachbrandfeuerung können Kamine mit offenem oder geschlossenem Feuerraum gebaut werden. Der Flachbrand ist eine Feuerungsart, bei der der Brennstoff nur in begrenzter Menge zum Abbrand geführt werden kann. Offene Kamine deren Betriebsweise auf eine Flachfeuerung ausgelegt ist, können ihren offenen Feuerraum zur Mitte des Aufstellraumes ausgerichtet haben. Bei außen an Gebäuden aufgestellten Feuerstätten, ist es sinnvoll, sie zum Freien hin auszurichten.

Kaminsysteme mit Kamineinsätzen, die über eine selbst schließende Feuerraumsöffnung verfügen, werden als so genannte Heizkamine bezeichnet, hierfür ist die DIN 18895 Teil 2 von Bedeutung.

10.4. Bauteile des offenen Kamins

Im folgenden Teil sollen die einzelnen Bestandteile eines offenen Kamins kurz beschrieben werden. Es ist dabei wichtig, dass diese aufeinander abgestimmt sind sowohl optisch als auch aufgrund ihrer Funktion. Durch eine sorgfältige Planung soll eine sichere Benutzung gewährleistet sein und möglichen Brandgefahren vorgebeugt werden.

10.4.1. Feuerraumboden

Der Feuerraumboden dient zum Auflegen von Brennstoff bzw. zur Aufnahme des Feuerbockes oder Feuertopfes. In den Feuerraumboden kann je nach Bauweise ein Rost eingelegt werden. Wegen der hohen Temperaturen, denen der Feuerraum-boden direkt ausgesetzt ist, muss er aus nichtbrennbaren, hitzebeständigen und möglichst wärmespeichernden Materialien bestehen.

10.4.2. Ascheraum

Der Ascheraum dient zur Aufnahme der Verbrennungsrückstände. Er ist unter dem Feuerraumboden angeordnet, die Asche rieselt dabei durch den Rost nach unten. Dort kann ein Aschekasten oder Aschekübel eingesetzt werden, um die Reinigungsarbeiten zu erleichtern.

Bei einer rostlosen Feuerung bleiben die Verbrennungsrückstände auf dem Feuerboden liegen und können hier von Zeit zu Zeit, z. B. mit Hilfe eines Handfegers entfernt werden.

Eine baulich aufwendigere Variante der Entaschung:

Dabei fallen die Verbrennungsreste durch einen Schacht in einen feuerfesten Behälter im darunter gelegenen Keller. Das Behältnis muss durch eine dichtschließende Klappe oder einen abgedichteten Schieber verschließbar sein. Durch eine entsprechende bauliche Anordnung von Lüftungsklappen kann der Ascheschacht zusätzlich für den Zustrom von Verbrennungsluft genutzt werden. Diese aufwendigere Ausführung kann sich gerade dann anbieten, wenn im Aufstellungsraum zu wenig Verbrennungsluft vorherrscht.

10.4.3. Sicherheitsfläche

Hierbei gilt gleiches wie bei den Kachelöfen. Durch eine entsprechende bauliche Anordnung nichtbrennbarer, trittfester Baumaterialien vor jeder Kaminöffnung (Strahlungsfläche) soll einem Brand durch Funkenflug bzw. herausfallende oder -rollende brennende Holzscheite vorgebeugt werden. Diese Sicherheitsfläche muss die Kaminöffnung seitlich

um 300 mm überdecken und nach vorne um mindestens 500 mm.

Die Sicherheitsfläche kann, z. B. ein gefliester Bereich sein oder mit einer Glasplatte abgedeckt werden. Wichtig ist hierbei wieder eine harmonische Abstimmung der verwendeten Baumaterialien.

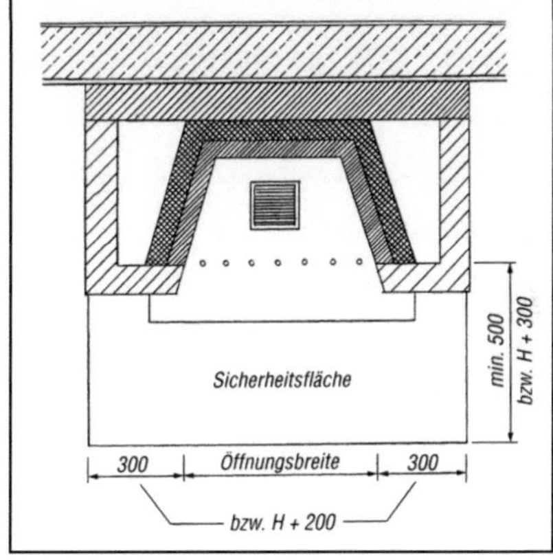

Bild 82: Sicherheitsfläche

10.4.4. Kaminöffnung

Als Kaminöffnung oder Strahlungsfläche wird die lichte Öffnung an der Vorderseite des Feuerraums zum Wohnraum oder zum Freien hin definiert. Sie kann in ihrer Form, z. B. quadratisch, rechteckig oder bogenförmig sein. Beim Rechteck ist die Idealform nach dem „goldenen Schnitt" zu empfehlen; das maximale Seitenverhältnis soll 1:2 betragen.[52]

---

[52] Pfestorf: Kachelöfen und Kamine handwerksgerecht gebaut S. 43

Die Kaminöffnung kann einseitig, zweiseitig, dreiseitig oder allseitig offen sein. Kamine mit einseitiger Öffnung haben folgende Vorteile:

> große Wärmeleistung
> geringer Luftbedarf (relativ)
> hohe Rauchgastemperatur

Je größer die Kaminöffnung gewählt wird, desto höher wird der Luftbedarf und die Strahlungswirkung, auch die Rauchgastemperatur nimmt entsprechend ab.

Bild 83: Kaminöffnung

10.4.5. Feuerraum

Der Feuerraum, in dem die eigentliche Verbrennung stattfindet, ist die bauliche Einrichtung zwischen Feuerboden und Rauchklappe.

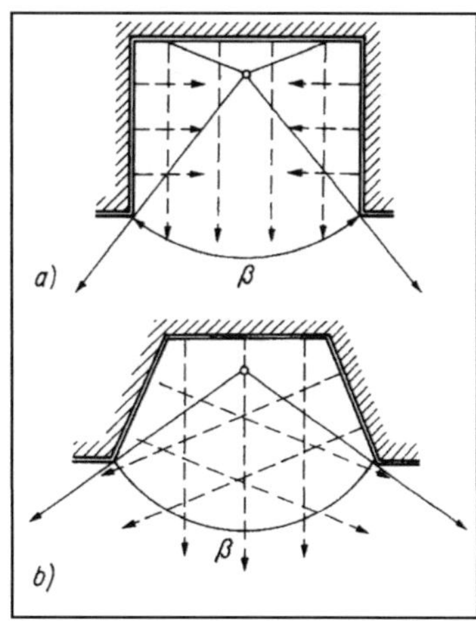

Bild 84: Anordnung der Seitenwände

Durch eine günstige Anordnung der Seitenwände und Rückwand kann die Strahlungswirkung zum Raum hin optimiert werden. Durch beispielsweise schräg angeordnete Seitenwände, lässt sich die Strahlungswirkung verbessern.

Zu berücksichtigen ist, dass tiefe Feuerräume die Heizwirkung mindern. Flache Feuerräume begünstigen sie, dabei kann jedoch eher Rauch in den Raum eindringen!

Durch den Einbau einer Gussplatte an der Rückwand des Feuerraums wird der Anbrennvorgang begünstigt. Die Erwärmung erfolgt schneller und der Kamineffekt nimmt zu.

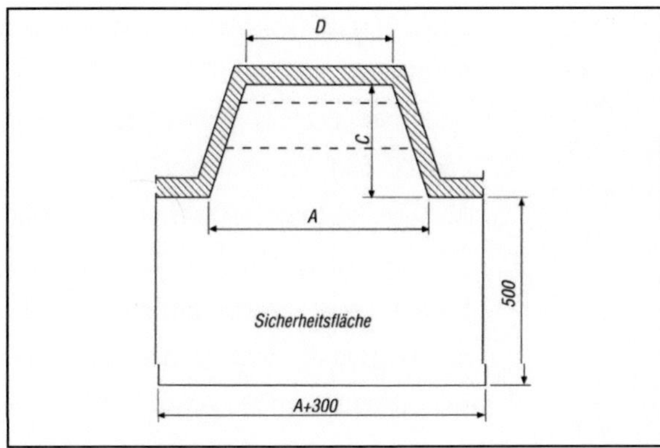

Bild 85: Draufsicht

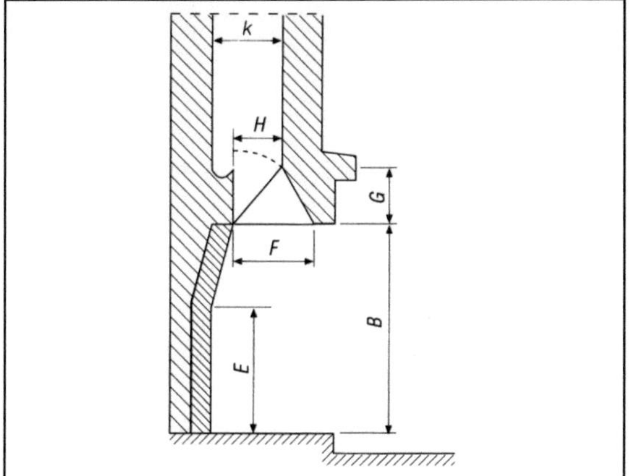

Bild 86: Seitenansicht

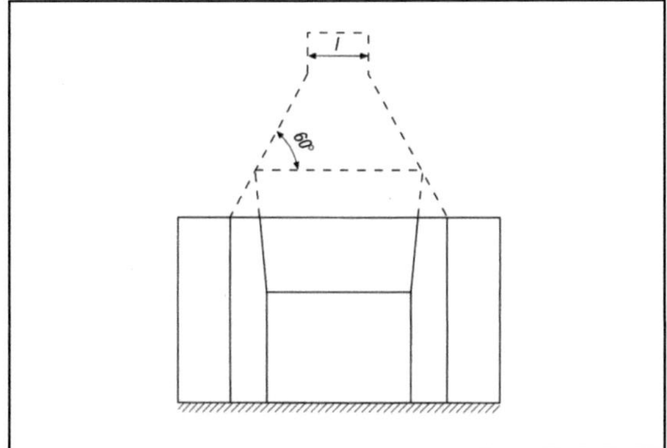

Bild 87: Frontansicht

Klassische Bauweise vom offenen Kamin:

A Breite der Kaminöffnung

B Höhe der Kaminöffnung

C Tiefe des Feuerraums

D Breite der Rückwand im Feuerraum

E Höhe der Rückwand

F Tiefe der Einströmöffnung zum Rauchsammler

G Höhe der Rauchklappe

H Tiefe der Rauchklappe

I *und* **K** Abmessungen der Schornsteinquerschnitte

10.4.6. Kaminrost

Der Kaminrost erfüllt zwei Aufgaben. Zum einen dient er zur Aufnahme des Brennmaterials, zum anderen ermöglicht er eine allseitige Heranführung von Verbrennungsluft. Er wird als Planrost, besser noch in Verbindung mit einem Stehrost in schmiedeeiserner Ausführung in etwa 80 bis 100 mm Höhe zwischen ihm und dem Feuerboden eingebaut.[53] Stehroste sollen das Herausrollen von Holzscheiten und das Herausfallen von Glut verhindern.

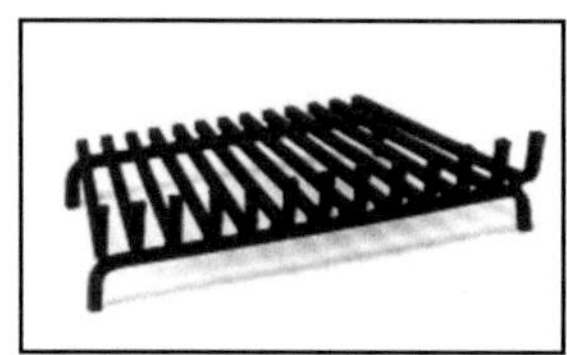

Bild 88: Stehrost

Statt eines metallischen Rosts können keramische Baustoffe im Feuerboden derart angeordnet werden, dass sich Hohlräume unter dem Brennmaterial bilden über die Verbrennungsluft zuströmen kann.

10.4.7. Rauchsims

Die obere Begrenzung der Kaminöffnung bildet der Rauchsims, er ist gewöhnlich waagerecht angeordnet. Als gestalteri-sches Mittel können Holzbalken als Rauchsims verwendet werden, diese sind aber nur als äußere Verkleidung erlaubt und müssen hinterlüftet sein. Aus brandschutztechnischen Gründen sind zum Feuerraum hin nichtbrennbare Materialien zu verwenden. Neben einer horizontalen Ausrichtung des Rauchsimses können auch Bögen in verschiedenen Formen oder Schrägen den Feuerraum eingrenzen.

Auch hier gilt die Devise:

Dem persönlichen Geschmack sind kaum Grenzen gesetzt.

10.4.8. Rauchkammer

Die Rauchkammer oder der Rauchsammler fängt den freigesetzten Rauch ein. Eine allmähliche Verjüngung vom Feuerraum- zum Schornsteinquerschnitt bzw. dem Querschnitt der Rauchklappe, bewirkt eine Beschleunigung der abströmenden Rauchgase. Anstelle einer Bauweise aus Einzelmaterialien, hat sich der vorgefertigte metallische Rauchsammler durchgesetzt.

---

[53] Pfestorf: Kachelöfen und Kamine hand-werksgerecht gebaut S. 44

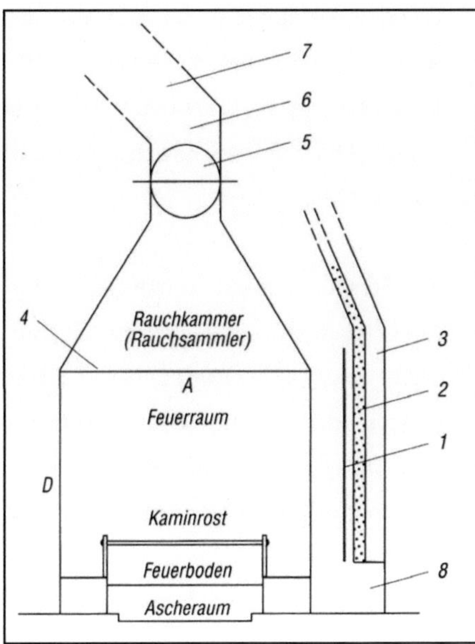

Bild 89: Rauchkammer

Begriffszuordnung:

Strahlungsöffnung **A x D**

1 Konvektionsmantel

2 Dämmschicht

3 Verkleidung

4 Rauchsims

5 Rauchklappe

6 Rauchgasstutzen

7 Verbindungsstück

8 Lufteintritt

10.4.9. Rauchklappe

Die Rauchklappe ist ein bewegliches Bauteil im Rauchsammler. Diese Verschlussklappe verhindert, dass bei Nichtbenutzung des Kamins erwärmte Raumluft abströmt bzw., dass kalte Außenluft einströmt. Zusätzlich kann durch die unterschiedlichen Stellungen der Klappe der Abbrand des Brenngutes gedrosselt werden. Mit verringerter Abbrandgeschwindigkeit kann die Wärmeleistung reguliert, aber auch Brennmaterial gespart werden.

Die Klappe selbst ist meistens in dem metallischen Rauchsammler integriert, sodass Klappen als Einzelelemente kaum noch Anwendung finden.

Eine dicht schließende Rauchklappe ist unbedingt erforderlich, um unnötige Luftzugerscheinungen bei Nichtbenutzung des Kamins zu vermeiden. Es gibt Konstruktionen mit Schieber oder Hebelverschluss, Klappen mit Gegengewicht und Kettenhaken in labiler und stabiler Lage. Laut Aussage eines Ofenbauers ist eine Klappe mit mehrfacher Raststellung und festem Handgriff, aufgrund der einfacheren Handhabung, zu empfehlen.

10.4.10. Rauchschürze

Die Rauchschürze dient als gestalterisches Mittel. Sie ist eine Verkleidung des Rauchsammlers, um die Form und Ansicht der Rauchkammer optisch aufzuwerten. Sie kann hauben- oder trichterförmig über Kaminen, vor Wänden, in Raumecken oder frei hängend im Raum über Herdkaminen angeordnet werden. Sie wird als Rauchschürze oder auch als Rauchfang bezeichnet.

10.5. Baustoffe und Baumaterialien

Heutzutage gibt es eine Fülle an unterschiedlichen Baustoffen und -materialien. Für den Bau eines offenen Kamins muss unterschieden werden,

> ob sie für den Ausbau verwendet und thermisch stark belastet werden oder,

> ob sie nur als Schmuckelement zur Verkleidung vorgesehen sind.

Alle Baustoffe und Bauteile des Funktionsbereichs, ebenso wie die Verkleidung, müssen der Klasse A1 nach DIN 4102 Teil 1 entsprechen und widerstandsfähig gegen auftretende thermische, chemische und mechanische Beanspruchungen sein. So sind, z. B. Heraklitplatten oder Gipskartonplatten nicht für den Verbau zugelassen.

Geeignete Materialien für den Bau des Asche- und Feuerraums sowie für den Rauchsammler sind besonders feuerfeste Schamottesteine und -platten nach DIN 51060.

Die Schamottesteine werden in mehreren Brennfarben ohne künstliche Farbzusätze und in verschiedenen Größen angeboten. Es sind auch werkmäßig vorgefertigte Bauteile aus Schamotte, aus feuerfestem Beton oder Grauguss erhältlich. Dadurch ergeben sich viele Möglichkeiten, das Sichtmauerwerk im Feuerraum eines offenen Kamins kreativ zu gestalten. Statt im einfachen Läuferverband können die Schamottesteine im gotischen, märkischen oder holländischen Verband, aber auch im englischen Fischgrätenmuster eingebaut werden.
Mörtel und Kitte müssen für die entsprechenden Materialien geeignet sein und die Standsicherheit im kalten Zustand als auch bei Betriebstemperatur gewährleisten. Die Mörtelfugen sollten dabei maximal 10 mm dick sein und müssen voll verfugt werden.

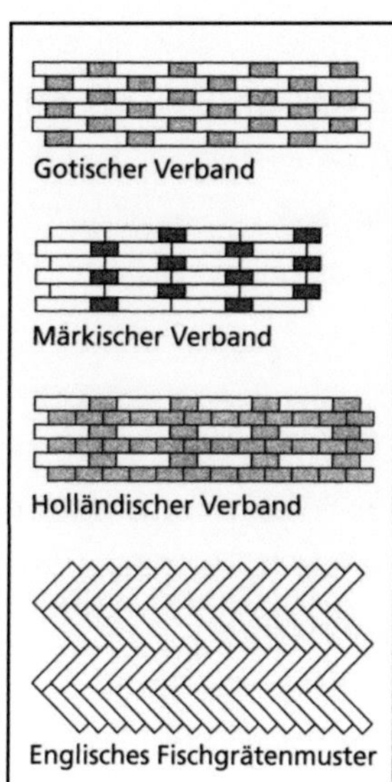

Bild 90: Verbandsarten

Für die Ausführung des Rauchsammlers sind außer mineralischer Baustoffe in erster Linie Bleche entsprechend ihrer DIN geeignet. Die Mindestmaterialstärke für Böden und Wände des Feuerraums beträgt bei Beton oder Mauerwerk 50 mm und bei einer Ausführung aus Grauguss 5 mm. Gemauerte Gewölbe aus Ziegel oder Steinen sollten mindestens 100 mm dick sein.[54]

Die Bauweise des offenen Kamins, muss dabei Beanspruchungen aus Eigenlast und Erschütterungen durch Personen, Maschinen oder Gegenständen standhalten.

10.6. Brennmaterialien

Was in Kaminanlagen verbrannt werden darf und was nicht, um dem Missbrauch der häuslichen Feuerstätte als Müllverbrennungsanlage vorzubeugen, ist in der 1. BImSchV (Bundesimmissionsschutzverordnung) auf-gelistet.

In Kaminen mit offenem Feuerraum darf nur Brennholz verfeuert werden, das naturbelassen und wenigstens zwei Jahre abgelagert ist. Es besitzt dabei etwa einen Restfeuchtegehalt von 15 bis maximal 20 Prozent.

Bei der Ablagerung des Holzes, sollte darauf geachtet werden, dass das Brenngut ausreichend von Luft umspült wird, weil es sonst zu Fäulnisprozessen kommen kann. Dies würde den Heizwert des Holzes abmindern. Bei dem Betreiben eines offenen Kamins ist die Einhaltung der 1. BImSchV erforderlich, um eine schadstoffarme Verbrennung zu ermöglichen. Dies ist problemlos zu erreichen, da Holz CO_2-neutral verbrennt. Vorausgesetzt wird, dass der Nutzer seinen offenen Kamin nicht als Müllverbrennungsanlage missbraucht.

Folgende Hölzer sind für eine Verbrennung geeignet:

➢ Laubhölzer wie Buche, Eiche, Birke und auch Obsthölzer brennen lang-

---

[54] DIN 18895-1

sam mit ruhiger Flamme und halten die Glut.

> Presslinge aus naturbelassenem Holz in Form von Holzbriketts (entsprechend DIN 51731 Ausgabe Mai 1993) oder vergleichbare andere Presslinge aus naturbelassenem Holz in gleichwertiger Qualität.

Weniger geeignet sind:

> Nadelhölzer wie Kiefer, Fichte und Tanne neigen wegen ihres Harzgehalts zum Funkensprühen. Sie verbreiten beim Abbrand, der schneller als beim Laubholz verläuft, einen angenehmen Duft.

Zum Schutz gegen den Funkenflug sind folgende Maßnahmen, welche die Leistung nicht wesentlich mindern, geeignet:

> Funkenschutzvorhänge aus Eisen- oder Messinggeflecht
> metallische Funkenschutzgitter
> Funkenschutzgitter aus Glaskeramik

Für die Verbrennung ungeeignet sind:

> Weichhölzer, insbesondere Pappel mit geringem Heizwert, schnellem Abbrand und geringer Gluthaltung

Die Holzscheite sollten dabei die empfohlenen Maße einhalten:

> 30 bis 40 cm lang
> 6 bis 8 max. 10 cm Durchmesser

Naturbelassenes Holz darf auch mit anhaftender Rinde so z. B. Scheitholz oder Hackschnitzel sowie Reisig oder Zapfen verfeuert werden.

In Kaminen mit Kamineinsatz oder -kassette bei geschlossenem Feuerraum können, neben Holz, auch Braunkohlen- oder Steinkohlenbriketts verbrannt werden. Bei der Verwendung von Eierbriketts ist eine Flachfeuerung mit Glutmulde im Feuerraumboden empfehlenswert.

10.7. Bedienung und Betriebsweise

Für eine störungsfreie Nutzung einer Kaminanlage sind einfache Grundregeln zu beachten.

Bei handwerklich am Ort gebauten offenen Kaminen ist der Ausführungsbetrieb für die Übergabe einer Bedienungsanleitung und einer mündlichen Einweisung in die Betriebsweise zuständig.

Nach dem Bau des offenen Kamins ist eine Austrocknungsphase zu berücksichtigen, um eine einwandfreie Benutzung gewährleisten zu können. Zu frühes Anheizen eines neu gebauten Kamins führt zu Treiberscheinungen durch Wasserdampfbildung. Im schlimmsten Fall können dadurch sichtbare Risse entstehen. Die Austrocknungszeit beträgt drei bis vier Wochen um Mörtelfeuchte und Anmachwasser, welche sich auch in den Baustoffen des Feuerraums und der Verkleidung befinden, verdunsten zu lassen. Beim erstmaligen Anheizen ist das Feuer möglichst klein zu halten. Mit wenig Brennstoffmasse, trockenem klein gespaltenen Holz oder Reisig ist ein so genanntes „Lockfeuer" zu entfachen. Durch dieses wird ein Auftrieb im Schornstein erzeugt. Es darf am Anfang kein „flottes Feuer" entstehen, da Gefahr von Wasserdampfbildung durch die Restfeuchte in den Baustoffen besteht. Auch später, also zirka eine Woche lang, darf der Ofen nur mit kleinem Feuer, mit etwa drei bis vier Holzscheiten zur Nachtrocknung der Baustoffe, betrieben werden. Danach müsste eine uneingeschränkte Gebrauchstauglichkeit des Kamins erreicht sein.

10.7.1. Anheizvorgang

a)

Der Rost wird gesäubert, gegebenenfalls Asche entfernt.

b)

Kleingespaltenes Holz wird aufgelegt, darauf drei bis vier größere Holzscheite kreuzweise angeordnet, um den Zustrom der Verbrennungsluft allseitig zu ermöglichen. Der Brennstoff sollte im hinteren Teil des Feuerraums aufgelegt werden, um einem Herausfallen der Glut vorzubeugen.

c)

Die Rauchklappe oder ein Hebel im Kamineinsatz bzw. der Kassette (je nach Angabe des Herstellers) und die Absperrklappe in der Verbrennungsluftleitung werden geöffnet.

d)

Durch das Entzünden einer geknüllten Zeitung unter der geöffneten Rauchklappe wird ein Auftrieb im Schornstein erzeugt.

e)

Das kleingespaltene Holz auf dem Rost bzw. Feuerboden wird entzündet. Feuergefährliche Flüssigkeiten wie Spiritus, Benzin, Öle oder ähnliches sowie Bohnerwachs dürfen nicht verwendet werden!

f)

Bei träger Entwicklung des Feuers kann mit Hilfe eines Blasebalgs das Feuer angefacht werden. Bei Kamineinsätzen und -kassetten kann unter Beaufsichtigung die Kamintür einen Spalt geöffnet bleiben, bis sich die Flammen gut entwickelt haben. Anschließend ist mit geschlossener Tür und entsprechend weit geöffneten Lufteintrittsöffnungen weiterzuheizen. Hierbei ist die Bedienungsanleitung vom Hersteller des Kamineinsatzes oder der Kassette zu beachten.

10.7.2. Weiterheizen

Zum Nachlegen von Brennmaterial darf die Kamintür nicht ruckartig geöffnet werden, weil dadurch ein Sog wirksam wird und Rauchgase in den Raum ausströmen können.

Im aufgeheizten Zustand des Kamins sollten nur kleinere Brennstoffmengen nachgelegt werden, weil Restwärme vorhanden ist. Ein übermäßiges Nachlegen an Brenngut würde zu einer unverhältnismäßigen Überhitzung des Raumes führen und damit dem Wohlbehaglichkeitsgefühl entgegen wirken. Beim Nachlegen darf der Brennstoff nur auf die Grundglut aufgelegt, jedoch niemals geworfen werden!

Dies könnte unkontrollierbare Auswirkungen auf den Brennvorgang des Feuers haben.

10.7.3. Entaschung

Nach dem Abbrand des Brennmaterials ist zu prüfen, dass keinerlei Glut mehr vorhanden ist. Erst dann dürfen die Absperrvorrichtungen in der Verbrennungsluftleitung im Abgasweg geschlossen werden, um nicht erwärmte Raumluft abströmen zu lassen. Dadurch wird auch vermieden, dass bei Reinigungsarbeiten durch den Kaminkehrer im Schornstein eine Verschmutzung des Wohnraumes ausgelöst wird.

Bei der Entaschung muss beachtet werden, dass sich in der Asche keine Glutteilchen befinden, die sowohl für Plastikeimer als auch für Plastik-Mülltonnen eine Brandgefahr bedeuten.

Weitere spezielle Angaben über Bedienung und Pflege sind in den einschlägigen Anleitungen der Hersteller von Kamineinsätzen und Kaminkassetten nachzulesen.

10.7.4. Reinigung

Beim Bau von Kaminen aller Arten muss berücksichtigt werden, dass Feuerraum, Abgassammler und Verbindungsstück gegebenenfalls Heizgaszüge und Konvektionsluftleitungen mechanisch gereinigt werden können. Da diese Maßnahme in den Kehr- und Überprüfungsverordnungen der Länder unterschiedlich geregelt ist, sollte mit dem zuständigen Bezirks-schornsteinfegermeister die Lage und Anzahl erforderlicher Prüf- und Reinigungsöffnungen abgesprochen werden.

Die Glaskeramiktüren von Kamineinsätzen oder -kassetten sind aus hochwertigen Materialien und bieten optimale Sicherheit. Die thermische Belastung für die Kamineinsätze beträgt bei Dauerbelastung bis 750° C, kurzzeitig bis ca. 800° C.[55]

Ein Beschlagen der Scheiben ist nach einer gewissen Betriebsdauer möglich und kann auch bei optimaler Verbrennungsluftzirkulation nicht ganz ausgeschlossen werden. Außerdem kann dies eintreten, wenn Brennstoffe, vor allem Holz, nicht ausreichend getrocknet wurde und durch den zu hohen verbleibenden Feuchtegehalt Wasserdampf gebildet wird. Die Scheiben können aber auch bei Schwelbrand beschlagen, ausgelöst durch einen zu geringen Glutkern beim Nachlegen von Brennstoff und bei Luftmangel. Zur Reinigung geben die Hersteller in ihren Betriebsan-

leitungen unterschiedliche Tipps und Empfehlungen.

10.8. Kamin-Zubehör

Für das Betreiben eines offenen Kamins werden Zubehörteile angeboten, die vielfältig im Sortiment sind und unterschiedlichen Ansprüchen genügen.

Schmiedeeiserne Feuerroste gibt es mit und ohne Aschekasten für ein-, zwei- und dreiseitig offene Feuerräume. Zur Verhinderung herausrollender brennender Holzscheite können gusseiserne Stehroste angeordnet werden.

Gegen Funkenflug, insbesondere bei der Verbrennung von harzreichen Nadelhölzern, lassen sich Funkenschutz-vorhänge aus Eisen- oder Messinggeflecht anbringen. Eine andere Möglichkeit bieten Funkenschutzgitter aus Metallgeflecht, aber auch Keramikglasscheiben.

Bild 91: Funkenschutzgitter

---

[55] Pfestorf: Kachelöfen und Kamine handwerksgerecht gebaut S. 54

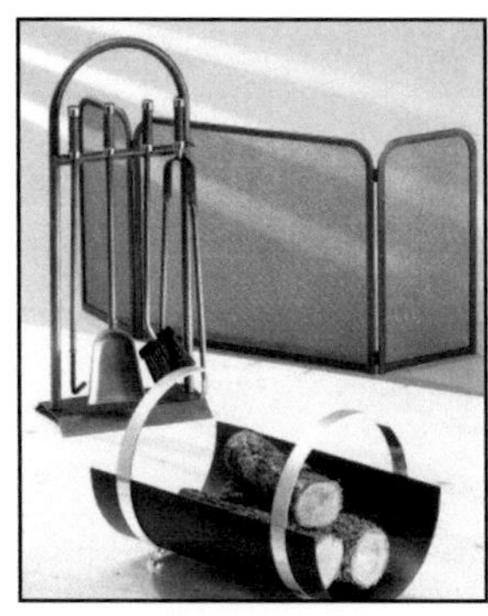

Bild 92: Kamin-Zubehör

Kaminbestecke mit Schaufel, Haken und Besen erleichtern die Bedienung und Entaschung. In Holzwiegen oder Körben kann Holz gelagert werden.

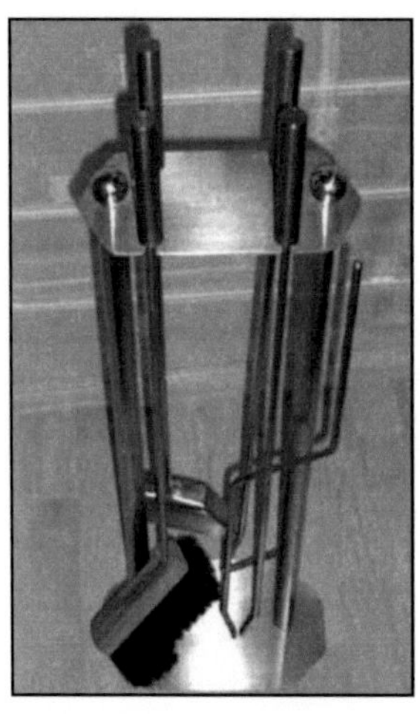

Bild 93: Kaminbesteck

10.9. Funktion des offenen Kamins

Um eine einwandfreie Funktion der Feuerstätte zu gewährleisten, müssen physikalische Gesetzmäßigkeiten einge-

halten werden. Aufgrund des offenen Verbrennungsraums greift das offene Feuer auf den vorherrschenden Luftvorrat des Aufstellungsraumes zurück. Eine ausreichende Verbrennungsluftversorgung sollte gewährleistet sein. Deshalb sollte der Aufstellungsraum möglichst groß sein und mindestens eine Tür ins Freie oder ein zu öffnendes Fenster haben.

Der Aufstellungsraum kann mit anderen derartigen Räumen unmittelbar oder mittelbar in einem Verbrennungsluftverbund stehen. Zu einem unmittelbaren Verbrennungs-luftverbund zählen nur Räume derselben Wohnung oder Nutzungseinheit, wenn sie jeweils eine Tür ins Freie oder ein Fenster haben und durch eine mindestens 150 cm² große Öffnung verbunden sind. Offene Kamine dürfen nur in Räumen aufgestellt werden an denen ihnen mindestens 360 m³ Verbrennungsluft pro Stunde und pro m² Feuerraumöffnung zuströmen können.[56] Befinden sich noch andere Feuerstätten im Aufstellungsraum oder in Räumen, die mit dem Aufstellungsraum in Verbindung stehen, so müssen dem offenen Kamin mindestens 540 m³ Verbrennungsluft pro Stunde und pro m² Feuerraumöffnung zur Verfügung stehen. Den anderen Feuerstätten

---

[56] http://www.kachelofenwelt.
de/HOMEPAGER/rubriken.php?R=9 19.09.2004

sollten außerdem mindestens 1,6 m³ Verbrennungsluft je Stunde und je kW Gesamtwärmeleistung bei einem rechnerischen Druckunterschied von 0,04 mbar gegenüber dem Freien zuströmen können.[57]

In anbetracht des hohen Luftverbrauchs durch die offene Feuerstätte und der damit nötigen hohen Luftwechselrate muss genügend Luftaustausch durch Lüften erzielt werden. Es ist sinnvoll eine unabhängige Luftzufuhr direkt zur Feuerquelle vorzusehen. Dies kann über eine Öffnung unter dem Feuerraum geschehen, durch die dann beispielsweise aus dem Keller Verbrennungsluft nachströmt. Solche raumluftunabhängigen Feuerstätten sind ebenso wie die offenen Kamine, die keine Abgasanlage benötigen, z. B. auch der elektrische Kamin von den eben genannten Forderungen befreit.

Bild 94: Elektrischer offener Kamin

Durch die neueren Entwicklungen von Kamineinsätzen und Kaminkassetten war es möglich funktions-technische Verbesserungen zu erzielen, wodurch der Luftbedarf minimiert werden konnte. Trotzdem ist zu berücksichtigen, dass hierfür das gleiche Luftbedarfsvolumen angesetzt wird wie für Kamine mit offener Betriebsweise.

Die Menge an nachströmender Luft in den Aufstellungsraum wird durch Undichtheiten von Fenstern und Türen beeinflusst. Bei Häusern mit einer sehr dichten Außenhülle und dichten Fenstern und Türen, kann ein Luftmangel eintreten. Diese Situation sorgt dann für einen Unterdruck im Aufstellungsraum, wodurch Rauchbelästigungen im Wohnraum entstehen können. Durch den Luftmangel können die freigesetzten Rauchgase nicht mehr einwandfrei durch den Schornstein abströmen, weil mangels Verbrennungsluft der Verbrennungsvorgang gestört wird. Der nötige Kreislauf von nachströmender Verbrennungsluft und abströmenden Rauchgasen wird gestört und es tritt Rauch in den Aufstellungsraum aus. Eine schnellstmögliche Behebung dieses Problems bringt das Öffnen eines Fensters, wodurch aber auch die Temperatur des Raumes abgesenkt wird.

---

[57] DIN 18895-1

Solche Temperaturstürze sind für das Behaglichkeitsgefühl äußerst ungut. Es sollte daher eher eine gleichmäßige, wohltuende Wärme im Raum vorherrschen wie es zum Beispiel bei einem Grundofen der Fall ist. Die Verbrennungsluft kann direkt über Luftkanäle dem Verbrennungsraum zugeleitet werden. Damit werden eine hohe Luftwechselrate und ein unangenehmer Luftzug vermieden. Die Luft kann entweder direkt aus dem Freien oder aus belüfteten Kalträumen wie z. B. Nebenraum, Dachraum oder Keller mittels des Luftkanals der Feuerquelle zugeführt werden. Der Austritt desselben kann sich direkt unter dem Feuerboden befinden (damit wird die Frischluft dem Verbrennungsvorgang direkt zugeführt), alternativ ist die Austrittsöffnung des Luftkanals an einer geeigneten Stelle in der Außenwand angebracht.

Im Falle einer direkten Luftzuführung strömt diese durch den Feuerrost (Feuerbock, Planrost) hindurch und steht somit dem Verbrennungsvorgang unmittelbar zur Verfügung.

Bei der Anordnung einer Kaltlufteintrittsöffnung an der Wand ist es sinnvoll eine Art „Prallplatte" anzubringen, die einen störenden verstärkten Luftstrom durch die Luftöffnung abmindert. Dies kann, vor allem dann sinnvoll sein wenn die Eintrittsöffnung im Bereich eines stark anfallenden Winddrucks liegt. Außerdem ist es angebracht eine Absperrvorrichtung zu integrieren, die betätigt werden kann, wenn der Kamin nicht in Betrieb ist. Damit kann einem ungewollten Abkühleffekt vorgebeugt werden. An der Bedieneinrichtung der Absperrvorrichtung muss erkennbar sein, ob die Lufteintrittsöffnung geschlossen oder geöffnet ist.

In dem Verbindungsstück zwischen Rauchsammler oberhalb der offenen Feuerstelle und dem angeschlossenen Schornstein befindet sich ebenfalls eine Absperrvorrichtung. Diese lässt sich entweder mechanisch betätigen oder durch eine mit Endschaltern abgesicherte motorisch betriebene Einrichtung öffnen und schließen. Die Absperrvorrichtung der Kaltlufteintrittsöffnung muss im Falle einer Nutzung der Feuerstelle geöffnet bleiben, solange das Feuer brennt und bis die Verschlussklappen zum Schornstein hin vollständig geschlossen sind. Falls keine Verbrennungsluft-leitung eingebaut wird, ist trotzdem eine Absperrvorrichtung im Verbindungsstück, Rauchsammler oder im Schornstein nötig. Damit kann der Kamin außerhalb der Betriebszeiten verschlossen werden. Für eine unabhängige Frischluftzufuhr ist die Größe des Luftkanalquerschnitts auf die Luftwechselrate und die Raumgröße des Aufstellungsraumes abzustimmen.

Dieser Querschnitt lässt sich mit folgender Formel berechnen: [58]

A = L x 10000 / v x 3600

➢ Querschnittsfläche A in cm²
➢ Luftmenge L in m³/h
➢ Strömungsgeschwindigkeit v der Luft in m/s
➢ 10000 Umrechnungsfaktor von m² in cm² (cm²/m²)
➢ 3600 Zeitfaktor in s/h (Umrechnung von Sekunden pro Stunde)

Die Mündung der Verbrennungsluftleitung sollte sich in der Nähe der Feuerraumöffnung befinden. Es werden damit unangenehme Zugerscheinungen vermieden, und es ermöglicht, dass der Verbrennungsluftvolumenstrom in die Feuerraumöffnung eintritt. Bei einer direkten Verbrennungsluftleitung aus einem Kellerraum zum Feuerboden, darf dieser Kellerraum kein Heizraum sein und auch nicht zur Heizöllagerung (Ölvorratsbehälter) dienen. Eine Verbrennungsluftzufuhr aus Garagen ist ebenso unzulässig.

Nach DIN 18895 Teil 1 ist für einen Luftkanal ein Mindestdurchmesser von 100 mm zu berücksichtigen. Bei einem viereckigen Querschnitt beträgt das Mindestmaß der Seitenlänge ebenfalls 100 mm. An der Fassadenseite des Gebäudes empfiehlt es sich zum Schutz vor Insekten ein offenes Luftgitter (ohne Lamellen) an der Lufteintrittsöffnung anzubringen.

Für die effektive Funktionsweise eines offenen Kamins ist jedoch nicht nur eine ausreichende Luftzufuhr nötig, sondern auch eine einwandfreie Funktion des Schornsteins notwendig.

Hierbei müssen der Schornsteinquerschnitt und die Größe der Kaminöffnung aufeinander abgestimmt sein, wobei der Schornsteinquerschnitt bei einem offenem Kamin größer ausfällt als bei anderen Feuerstätten. Zudem hängt die Wirkungsweise des Schornsteins von seiner Höhe ab.

Als Minimalgrenze werden 4 m angenommen, aber auch mit etwas geringeren Höhen kann eine Funktion erreicht werden. Hierbei ist allerdings ein rechnerischer Nachweis nach DIN 4705 Teil 1 und die Zustimmung des Bezirksschornsteinfegermeisters erforderlich. Es ist nicht nur bezüglich des Schornsteins nötig den Schornsteinfegermeister zu

---

[58] Pfestorf: Kachelöfen und Kamine handwerksgerecht gebaut S. 51

informieren. Auch vor dem Bau eines offenen Kamins oder Warmluft-Kamins mit Einsatz bzw. dem Einbau einer Kassette in einer bestehenden offenen Feuerstelle sollte mit ihm Rücksprache gehalten werden. Das ist notwendig für die Einhaltung der Bestimmungen unter Berücksichtigung der örtlichen Gegebenheiten. Die Feuerstätte kann entsprechend der Verbrennungsluftzufuhr und der Schornsteinabmessungen individuell berechnet werden. Anschließend lässt sich dann die Wärmequelle mit Hilfe des Architekten und des Ofenbauers in seiner Größe und Ausführung planen und entwerfen.

11. Gestaltung

Kachelöfen und offene Kamine müssen nicht nostalgisch sein. Eine zeitgemäße Architektur bietet neue Ideen bei der Planung und dem Bau von offenen Feuerstätten. Neue und variantenreiche Kachelsysteme ermöglichen die Integration von Kachelofen und Kamin in moderne Baukörper. Beide sind wieder zu einem festen Bestandteil unserer Wohnkultur geworden. Ziel ist es dabei, die Wärmequelle mit dem Bauwerk zu einem einheitlichen Stück Architektur verschmelzen zu lassen.

Zwei Aspekte machen diesen neuen Trend verständlich:

➢ geringer Energieverbrauch, optimiertes Abgasverhalten

➢ „Lagerfeuerromantik" durch das offene Feuer

Die Beliebtheit von Kachelöfen- und Kaminanlagen ist zu großen Teilen auch auf die Vielzahl der gestalterischen Möglichkeiten zurückzuführen. Vor allem die individuell geplante und gesetzte Anlage bietet unerschöpfliche Möglichkeiten der kreativen Raumgestaltung.

Häufig wird der Kachelofen oder offene Kamin vorschnell ausschließlich mit einem rustikalem Wohnstil in Verbindung gebracht. Die Realität zeigt jedoch, dass sich für jede Einrichtung, die entsprechende Anlage planen und bauen lässt. Auch in den vergangenen Jahrhunderten haben Kachelöfen und Kamine jede Architekturepoche mitgemacht und zum Teil geprägt.

Zeitgemäße Architektur fordert zeitgemäße Kachelöfen und Kamine. Ich möchte einen Einblick in die junge Architektur geben, um zu beschreiben, mit welchen Stilelementen diese Anlagen gebaut werden können.

Moderne Bauwerke haben den eintönigen, geradlinigen Charakter der vergangenen Jahrzehnte verloren. Zwar bleiben die Grundkonzeptionen geometrisch klar, jedoch mit einem Hauch von Verspieltheit. Die Bauwerke setzen sich häufig aus einer Kombination geometrischer Grundelemente wie Kreis, Rechteck, Dreieck, Trapez, usw. zusammen.

Gern verwandte Grundmuster sind versetzte oder verschachtelte Dächer, Wintergärten, tonnengewölbte Glasgalerien, dreieckige oder bogenförmige Dachgauben, vom rechten Winkel abweichende Grundriss-Strukturen, Erker und Lichtbänder, unregelmäßig angeordnete Fenster, die nicht immer rechteckig bleiben, Rundbogentüren, mehrfach versetzte Geschoßlagen. Eine moderne Architektur setzt auf Kachelöfen und Kaminanlagen, die in das Gebäude integriert sind und unter Umständen mit dem Gebäude verwachsen können. Dies kann erreicht werden durch Fortführung der keramischen Ofenkachel in Treppenstufen, Bodenbelägen, Tür- oder Fensterfassungen und vieles andere mehr. Die Gestaltung der Feuerstätte selbst wird aufgegliedert, wobei die einzelnen Elemente wieder auf geometrische Grundstrukturen wie Rechteck, Dreieck, Kreis, usw. zurückgehen.

Um Akzente zu setzen sollten verschiedene geometrische Formen nicht miteinander vermischt werden. Designelemente sind sparsam zu verwenden, damit die klare Linie nicht verloren geht. Die Ausbildung der Feuerstelle sollte mit der Architektur des Gebäudes im Einklang stehen.

Eine moderne Gestaltung in der beschriebenen Art und Weise erfordert eine neue Generation von Ofenkacheln. Neben den bisher verfügbaren Formen wird eine große Zahl individuell zugeschnittener Kacheln für Abschrägungen, Bögen, Dreiecke, Rundungen, usw. benötigt. Verschiedene Hersteller haben darauf reagiert und ihr Kachelangebot dahingehend erweitert.

11.1. Kreationen

Bei der Gestaltung von Kachelöfen- und Kaminanlagen können Formen und Farben ansprechend miteinander kombiniert werden.

Zu betonen ist dabei, dass solche Objekte von dauerhaftem Wert sind. Sie unterliegen keinem kurzzeitigen modischen Trend. Einmaligkeit und Originalität sind ihre Stärke, denn jeder Kachelofen und offene Kamin ist ein Unikat. Das ist der wesentlichste Unterschied zu industriell gefertigten Produkten.

Durch eine individuelle handwerkliche Fertigung kann eine behutsame Abstimmung auf den Wohnstil des Bauherrn realisiert werden. Gestalterische Phantasie, handwerkliches Können und eine Vielfalt von verwendbaren Materialien stellen die Basis für eine originelle Kreation dar.

Dabei gilt:

Erlaubt ist, was gefällt und sich in die Rahmenbedingungen einfügt.

Handgefertigte Kacheln oder kunstvolle Ornamente können dem Objekt eine ganz spezielle Ausdruckskraft verleihen.

Wichtig ist, aber auch die geschickte Verknüpfung gestalterischer und funktionaler Elemente. Hierbei sind grundlegende Überlegungen anzustellen, die zusammen mit dem Kachelofenbauer geklärt werden müssen. Zum Beispiel wie viele Räume mit dem Ofen beheizt werden und welcher Brennstoff unter den gegebenen Rahmenbedingungen am vorteilhaftesten ist.

Außerdem können Sitzflächen oder praktische Warmhaltenischen integriert oder durch Abstufungen zusätzliche Stellflächen geschaffen werden. Solche Entscheidungen sind maßgebend für die weitere Planung und Gestaltung.

11.2. Preis

Auch bei Kachelöfen und offenen Kaminen gilt:

„Schönes muss nicht teuer sein!"

Kachelöfen- und Kaminanlagen sind Einzelstücke und keine Produkte von der Stange. Ihr Reiz liegt in der individuellen Gestaltung und in der handwerklichen Umsetzung. Der Bauherr bestimmt selbst, ob er sich für eine solide und einfache oder für eine luxuriöse Variante entscheidet.

Der Preis der Heizanlage richtet sich dabei in erster Linie nach der Ausstattung. Er ist abhängig von der Größe der Anlage, dem technischen Innenleben, den verwendeten Kacheln und natürlich der jeweiligen Handwerks-leistung.

Bei der richtigen Planung müssen die finanziellen Investitionen nicht ins Unermessliche steigen. Gerade ein Kachelofen bietet den Vorteil, dass er sich nicht nur auf die Wohnsituation, sondern auch auf den individuellen Geldbeutel zuschneiden lässt.

Zunächst ist dabei die zu erfüllende Funktion der Feuerstätte zu klären. Welche Ofenvariante kommt in Frage – Grundofen, Warmluftofen, offener Kamin oder Strahlungsfläche? Wie viel Raum soll damit beheizt werden – nur ein Zimmer oder das ganze Haus? Sollen Wärmewände gebaut werden? Auch hier gilt: Je mehr Technik, umso teurer! Allerdings sollten gerade hier keine Abstriche gemacht werden, denn schließlich ist ein Kachelofen eine Anschaffung fürs Leben.

Nach der Klärung der technischen Anforderungen kann die äußere Form geplant und gestaltet werden. Die breite Angebotspalette lässt hierbei keine Wünsche offen, von klassisch über rustikal bis modern, ganz nach dem persönlichen Geschmack.

Aber, wie so oft zeigt sich auch hier:

Weniger ist oft mehr!

Deshalb haben nicht nur die exklusiv ausgestatteten Öfen ihren Reiz, gerade mit schlichten Kacheln und Formen lassen sich ganz besondere Effekte erzielen.

11.3. Design

Nach der Definition des Lexikons „Atlas" aus dem Lingen Verlag wird der Designer als Formgestalter, der formschöne und dabei zweckmäßige Gebrauchsgegenstände entwirft, umschrieben. Das Wort Design stammt aus dem Italienischen und bedeutet übersetzt unsichtbar. Gutes Design zeichnet sich dadurch aus, dass es bemüht ist, eine „Einfachheit" bei dem zu gestaltendem Objekt anzustreben.

Ein Zitat nach dem berühmten Architekten Ludwig Mies van der Rohe (1886-1969) lautet:

„Less is more!"

Aber gerade darin besteht häufig die Schwierigkeit, ein Objekt ebenso attraktiv wie auch klar und einfach zu gestalten.

Ein weiteres Merkmal guten Designs ist es, wenn das Objekt eine klare „Spra-che" aufweist und sozusagen selbsterklärend ist.

Bei der Gestaltung einer Kachelofen- und Kaminanlage sollten folgende drei Hauptkriterien des Designs beachtet werden.

11.3.1. Form

Die Form sollte möglichst einfach und schnörkellos sein. Die verwendeten Proportionen müssen zum gesamten Erscheinungsbild passen. Wichtig ist dabei, ein Bewusstsein zu besitzen über die Zeichenfunktionen sowohl einzelner verwendeter Elemente als auch des ganzen Objektes. Ziel ist es ein harmonisches und in sich stimmiges Objekt zu entwerfen. Hierbei sollten geometrische Formen nicht willkürlich aneinander gereiht werden, im Gegenteil. Die Feuerstätte könnte dadurch unruhig und in ihrer Harmonie zerrissen wirken.

Weitere Kriterien für eine gelungene Form der Feuerstätte ist die Auswahl des richtigen Materials. Besonderes Augenmerk sollte dabei auf die Materialoberfläche gelegt werden. Diese trägt besonders zur Ausstrahlung und Ästhetik des Kachelofens oder offenen Kamins bei. Die Oberflächenstruktur ist ganz entscheidend bei der Wahl der Materialien, weil sie dem Objekt ein besonderes

Flair verleiht. Eine glänzig und spiegelig schimmernde Oberfläche wirkt dabei edel und modern. Anders als eine matte und stumpfe Oberfläche die eher Gediegenheit ausstrahlt.

Bei der Entscheidung für ein bestimmtes Material kommt der Gesichtspunkt der Oberflächenpflege hinzu. Das Schmuckstück soll für lange Zeit seinen Glanz behalten und vor großer Abnutzung verschont bleiben. Letztendlich kommt es darauf an, dass die Heizanlage zeitlos gestaltet wird. Am besten wird dies erreicht, wenn man sich auf die Einfachheit und eine geringe Anzahl verschiedener Materialien beschränkt.

11.3.2. Funktion

Bei der Gestaltung einer Kachelofen- und Kaminanlage darf die Funktion nicht durch gestalterische Mittel beeinträchtigt werden. Die Zweckbestimmung und Nutzbarkeit muss im Vordergrund stehen. Bei der Planung ist darauf zu achten, dass die Anlage möglichst bedienungs-freundlich wird. Hierbei sind ergonomische und haptische Gesichtspunkte des Menschen zu beachten, um ein möglichst hohes Maß an Komfort und Nutzerfreundlichkeit zu erreichen. Entscheidend hierfür sind die Kriterien der Maßordnung. Für die Funktion müssen die verwendeten Bauteile

bezüglich ihrer Dimension, Maßstäblichkeit und ihren Proportionen in sich stimmig sein. Auch hier gilt es einer gewissen Linie treu zu bleiben, d.h. das Einhalten von einheitlichen Querschnitten und gleichen Dimensionen wirkt beruhigend auf den Betrachter.

11.3.3. Konstruktion

Ein sehr wichtiges Kriterium des Designs ist die Konstruktion. Sie muss, vor allem die Stabilität und Sicherheit des Produkts gewährleisten. Dabei sollte die Logik der Konstruktion für den Betrachter erkennbar sein, um dem Ziel der Einfachheit näher zu kommen. Die Materialien sind entsprechend ihrer Gesetzmäßigkeiten und ihrem Zweck zu verbauen, dabei sollte der zeitliche Aufwand in einem angemessenen Verhältnis stehen. Diese Ausgewogenheit sorgt dafür, dass die Kosten gegenüber dem Objekt angemessen sind.

Die Qualität der Materialien und eine durchdachte Konstruktion sind ausschlaggebend für eine lange Lebensdauer und Dauerhaftigkeit der Kachelofen- und Kaminanlage. Ziel ist es eine formale Nachhaltigkeit durch eine zeitlose Form und Gestaltung des Objekts zu erreichen.

Für eine gelungene Produktgestaltung müssen die drei Hauptkriterien des Designs, nämlich

FORM, FUNKTION und KONSTRUKTION

in Einklang gebracht werden. Durch das entworfene Produkt lässt sich die Lebenshaltung des Bauherrn bzw. die des Designers als Botschaft vermitteln. Der Betrachter kann erkennen, welche „Idee" hinter dem Objekt steht. Mit einer klaren und einfachen Gestaltung kann die Aussagekraft des Produkts erhöht werden. Durch die „eigene Sprache", des Erzeugnisses wirkt die Kachelofen- und Kaminanlage selbsterklärend auf den Betrachter.

Bei der Gestaltung besteht die Schwierigkeit darin ein gutes Design, eine hohe Aussagekraft, aber dennoch eine schlichte Einfachheit zu bewahren.

11.4. Physiologische Wirkung der Farben

Farben haben eine nicht zu vernachlässigende Wirkung auf den Menschen und können Wohlbefinden oder Unlust, Aktivität oder Passivität auslösen. Farben nehmen dabei Einfluss auf den Charakter und die Aussagekraft eines Raumes. Er kann, z. B. größer oder kleiner erscheinen. Durch die entsprechende Farbauswahl kann ein Kachelofen oder offener Kamin in seiner Wirkung hervorgehoben oder abgeschwächt werden. Eine kräftige, dunkle Farbe verleiht dem Objekt mehr Dominanz und Schwere. Eine neutrale oder der Farbgebung im Raum angepasste Farbe mildert hingegen die Wirkung des Objektes, indem sie es in den Raum integriert. So lässt, z. B. ein heller Boden oder eine helle Wand einen dunklen Kachelofen gut zur Wirkung kommen. Eine solche Kontrastwirkung sollte jedoch nicht unterschätzt werden und nicht zu hart sein. Anders gesehen wirken helle Kachelöfen vor dunklen Hintergründen leichter, vor allem bei einer gewissen Überdimensionierung.

Ein weiterer Einflussfaktor bezüglich der optischen Wirkung eines Kachelofens oder offenen Kamins ist das Licht. Das Zusammenspiel von Licht und Farbe wirkt sich auf die Aussagekraft des Raumes aus. Bei einer Ofenheizung besteht sogar ein Zusammenhang zwischen Licht, Farbe und Wärme.

Festhalten lässt sich, dass neben der Form die Farbe als dominierendes gestalterisches Mittel beim Bau eines Kachelofens oder offenen Kamins eingesetzt werden kann. Die Möglichkeiten hierbei sind praktisch unbegrenzt, so setzt sich beispielsweise die beständige

Glasur des Kachelmaterials gegenüber deckenden Anstrichfarben wohltuend ab.

Eine kurz gefasste Übersicht soll die unterschiedliche Wirkung der einzelnen Farben verdeutlichen. Gemäß geläufigen Vorstellungen wirken:

➢ warme, helle Farben –
  wärmend, wohltuend, nähernd und aktivierend
➢ warme, dunkle Farben –
  machtvoll umschließend und schwer
➢ kalte, helle Farben –
  kühl und abweisend
➢ kalte, dunkle Farben –
  kalt und traurig stimmend

Weiß wirkt auf den Betrachter hygienisch sauber und verkörpert absolute Reinheit. Die weiße Farbe kann bei einer farbigen Raumgestaltung die anderen Farbgruppen gliedern und damit eine ordnende Funktion übernehmen. Ein weißer Kachelofen kann ausgesprochen elegant wirken.

Bild 95: Offener Kamin

Schwarz ist als das Symbol der Schwere und der Trauer zu verstehen. Es sollte deshalb nur sehr behutsam zum Einsatz kommen wie z. B. bei Jalousieklappen und Metallfüßen.

Bild 96: Heizkamin

Grau lässt sich als eine neutrale, oft unrein erscheinende Farbe auffassen. Der eintönige Grauton kann aufgewertet werden, indem er mit reinen Farben wie

z. B. Rot, Blau oder Grün abgemischt wird.

Bild 97: Heizkamin

Gelb ist eine leicht wirkende Farbe und hat, aufgrund ihrer leuchtenden Wirkung eine gewisse Ausstrahlungskraft. Bei einem Kachelofen können Gelb- und Brauntöne einen Ausdruck von Wärme vermitteln, auch wenn der Ofen nicht brennt.

Bild 98: Offener Kamin

Braun hat eine erdhafte und naturhafte Wirkung. Es versprüht eine rustikale Atmosphäre und wird zu den dunklen Warmtönen gezählt. Braune Ofenheizungen, in der entsprechenden Form, wirken als ausgesprochen behäbige Einrichtungen.

Bild 99: Elektrischer Kamin

Orange kann als die natürliche Farbe des Feuers und der Flamme aufgefasst werden und versprüht eine gewisse Impulsivkraft. Sie stellt eine Verbindung zur Natur da und erinnert an leuchtende Blüten und Blumen.

Bild 100: Kachelofen

Rot die anspruchsvollste und die am stärksten wirkende Farbe. Sie strahlt

Dynamik, Kraft und Macht aus. Ein mehr zu orange tendierendes Ziegelrot wirkt angenehm warm. Mit diesen Farbtönen kann ein Kachelofen in mediterranem Flair farblich gestaltet werden.

Bild 101: Offener Kamin

Bild 102: Kachelofen

Grün tritt als eine passive, aber auch angenehme und beruhigende Farbe auf. Dies trifft besonders auf die mehr gelbstichigen oder olivgrünen Töne zu. In der Natur ist kaum eine andere Farbe so reich an Schattierungen. Diese Vielfalt hat sich offensichtlich auch auf die Gestaltung der Kacheln übertragen. Bei den traditionellen Kachelöfen war Grün lange Zeit eine häufig verwendete Farbe.

Bild 103: Warmluftofen

Blau wirkt auf den Betrachter eher passiv, kann aber auch ein Kältegefühl hervorrufen. Ein hell abgestufter Blauton erinnert an die Farbe des Himmels, Dunkelblau hingegen an Gewitter und unheimliches Wasser.

Bild 104: Heizkamin

12. Wohnbehagen

Das Betreiben eines offenen Kamins oder eines Kachelofens ist mehr als nur Ergänzung zur Heizungsplanung. Der Wunsch nach einer zusätzlichen, behaglichen Wärmequelle im Haus ist heute weit verbreitet. In den Übergangszeiten, Frühjahr und Herbst, kann es häufig zu Temperaturen kommen, die den Betrieb der Zentralheizung noch nicht bzw. nicht mehr sinnvoll erscheinen lassen. Vor allem am Abend ist eine kurze Erwärmung der Wohnräume wünschens-wert, z. B. durch einen Kamin- oder Kachelofen. Diese mit Holz betriebenen Heizanlagen sparen, gerade in der so genannten Übergangszeit, 30-50 Prozent der Brennstoffe (Öl, Gas, Strom etc.) ein, die sonst zentrale Beheizungen benötigen würden.[59]

Dies wirkt sich nicht nur ökonomisch, sondern auch ökologisch positiv für Hausbesitzer und Umwelt aus.

Die angenehm empfundene Wärme der Kamin- und Kachelofenanlagen fördert das menschliche Wohlbehagen, da sie der natürlichen Sonnenstrahlung ähnelt. Das offene Feuer fasziniert die Menschheit seit Jahrhunderten. Durch die offenen oder verglasten Feuerräume kann das Züngeln der Flammen beobachtet werden und erzeugt eine ganz besondere Atmosphäre.

„Was bisher nur als vage Vermutung im Kreise der Kachelofenbauer und Kachelofenbesitzer diskutiert wurde, ist jetzt durch eine wissenschaftliche Studie namhafter Forschungsinstitute belegt; Kachelofenbesitzer fühlen sich besser als ihre Mitmenschen. Sie sind gesünder, zufriedener und erfolgreicher. So gaben bei einer im Auftrag der AdK durchgeführten Untersuchung 50% der

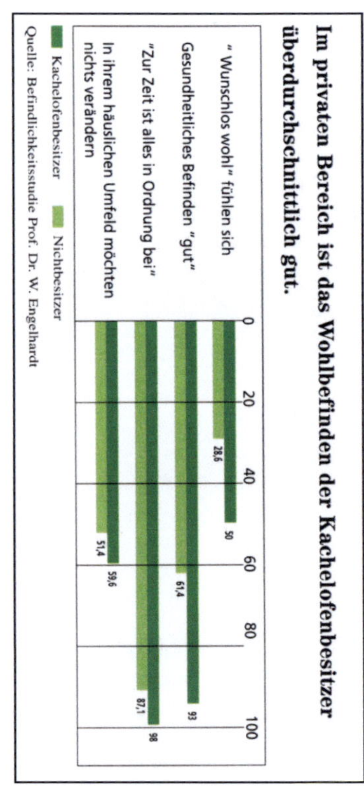

Bild 105: AdK-Studie

---

[59] http://www.hagos.de/Wohn-behagen_mit_Kamin_und_Kach.294.0.html
04.05.2005

befragten Kachelofenbesitzer, aber nur 28,6% der Nicht-Besitzer an sich `wunschlos wohl` zu fühlen. 93% der Kachelofenbesitzer beurteilen ihr gesundheitliches Befinden als `gut`- immerhin knapp 32% mehr als bei den anderen Umfrageteilnehmern." [60]

Ein besonders interessantes Ergebnis förderte die Studie zutage:

Am Kachelofen können neue Kräfte für die Anforderungen im Berufsalltag geschöpft werden. Die angenehme Wärme dieser behaglichen Heizquelle fördert das Geborgenheitsgefühl. Sie vermittelt Entspannung und Wohlgefühl. Die Holzofenwärme erzeugt einen Erholungseffekt, der Kachelofenbesitzer zu einem besonders erfolgreichen beruflichen Engagement verhelfen kann. Neben dem subjektiven Empfinden kommen dabei auch objektiv nachweisbare Tatsachen zum tragen:

Kachelöfen, die Wärme aus dem Feuerraum speichern können, verbreiten eine gesunde, gleichmäßige Strahlungswärme, welche die Luftfeuchtigkeit im Raum bewahrt und das Aufwirbeln von Staub verhindert. Dieses reizarme, sanfte Klima ist perfekt verträglich für den menschlichen Organismus, es verbessert das allgemeine Wohlbefinden.

---

[60] http://www.hagos.de/ Kachelofenbesitzer_fuehlen_sic.225.0.html 04.05.2005

13. Kachelofen und die Solarenergie

Abschließend möchte ich noch einen kleinen Einblick in die Fortschritte der Heizungstechnologie geben. Ich möchte mich dabei sehr kurz fassen und nur einen kleinen Ausblick in eine mögliche Zukunft des modernen Heizens schaffen.

Die Kamin- und Kachelofenanlagen haben sich nicht nur äußerlich und im speziellen Bereich ihrer Heiztechnik weiter entwickelt, sondern auch bezüglich der Koppelung mit Solarenergie.

Heutzutage ist es möglich den schönen heimeligen Kachelofen mit einer Solarenergieversorgungsanlage zu koppeln, und damit komplett CO_2-neutral zu heizen. Dem gemütlichen Kachelofen sieht man nicht an, dass sich in ihm und im Hintergrund modernste Heizungstechnologie verbirgt. Durch diese verblüffende Kombination von alter Tradition und „High Tech" ist es gelungen ein ganzes Haus mit regenerierbaren Energien zu beheizen. Ermöglicht wird dies, indem die Energie der Sonne durch Solarkollektoren auf dem Hausdach aufgefangen und dem holzbefeuerten Kachelofen mit integriertem Wasserkessel zugeführt wird. Damit lässt sich sowohl der Wärmebedarf im Haus als auch die Warmwasserversorgung abdecken.

Das Kernstück stellt ein aus der Solartechnik entliehenes Absorberprofil dar, das die Wärmeübertragung vom Kachelofen auf das Verteilungssystem ermöglicht. Dieser Wärmetauscher wird nicht wie in herkömmlichen Anlagen direkt im Feuerraum angebracht, sondern zwischen Schamottesteinen und Kacheln montiert. Damit wird eine negative Auswirkung auf die Verbrennung vermieden, und die Masse des Kachelofens kann als Pufferspeicher genutzt werden. Alle nicht direkt vom Kachelofen beheizten Räume werden über ein Warmwassersystem erreicht.

Da das komplette System im Niedrigtemperaturbereich arbeitet, ist eine Wandheizung in diesen Räumen ideal. Ein kompakter Pufferspeicher sorgt für die Warmwasserbereitung und gleicht noch fehlende Speichermasse aus. Hier ist auch eine Elektropatrone platziert, die bei Bedarf einspringt.

Vervollständigt wird das System durch die auf dem Dach montierten Sonnenkollektoren. Sie werden entsprechend des Bedarfs eingesetzt und liefern in den entsprechenden Breitengraden von März bis Oktober ausreichend Energie. Diese

Wärme und die wasserseitige Heizleistung vom Kachelofen werden im Pufferspeicher gesammelt und stehen für die Raumheizung und die Warmwasserversorgung zur Verfügung.

Bei Schlechtwetterperioden und in den Wintermonaten wird die Warmwasserproduktion des mit Holz beheizten Kachelofens einfach dazu geschaltet. Intelligente Steuer- und Regelsysteme garantieren dabei warmes Wasser und gut temperierte Räume.

Vorzugsweise sollte die Kombination von Kachelofen plus Sonnenkollektoren in so genannten Niedrigenergiehäusern, die sehr gut wärmegedämmt sind und einen geringen Wärmebedarf aufweisen, zum Einsatz kommen. Eine speziell entwickelte Steuerung steht daher zur Verfügung, um ein optimales Zusammenspiel aller Komponenten zu erreichen und sie genau an den jeweiligen Bedarf anzupassen.

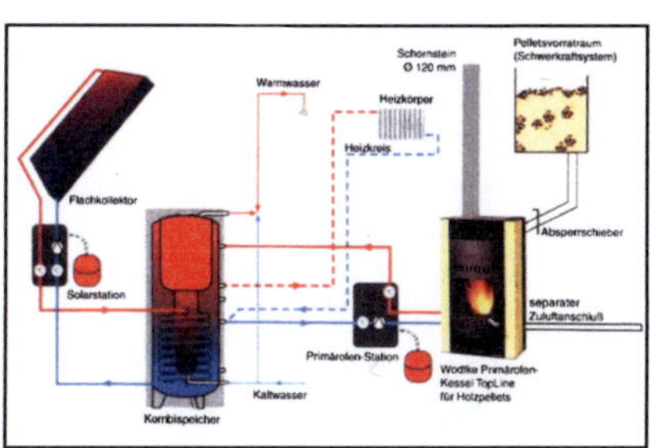

Bild 106: Schema eines David-Systems

Dieses beschriebene Heizsystem wird als das „David-Heizsystem"[61] bezeichnet. DAVID besteht im wesentlichsten aus fünf Komponenten:

a) Das Niedrigenergiehaus

Durch die Verwendung von hocheffektiven, wärmedämmenden Materialien ist es heutzutage möglich, Häuser mit einem rechnerischen stündlichen Wärmebedarf von unter 10 KW zu bauen. Dies wirkt sich positiv auf die benötigte Heizleistung aus. Das

bedeutet für die zu beheizenden Räume eines Einfamilienhauses, dass die Heizleistung von zirka 150 W/m² auf zirka 50 W/m² reduziert werden kann.[62]

b) Die Feuerstelle mit Heizkesselteil

Die Ofenstelle erfüllt hier gleich zwei Aufgaben: Zum einen erwärmt der Kachelofen seine nähere Umgebung mit Strahlungswärme, zum anderen erwärmt das gekoppelte System noch das Brauchwasser.

Mit dem Pelletsprimärofen ist ein vollautomatisches Betreiben des David-Systems möglich. Hierbei übernimmt die

[61] http://www.der-ofenbaumeister.de/kremer-dze-technik.htm 30.05.2005
[62] http://www.der-ofenbaumeister.de/kremer-dze-technik.htm_30.05.2005

Beschickung des Ofens mit Pellets eine Förderschnecke, die über eine Steuerungseinheit geregelt wird. Damit ergibt sich für den Ofenbesitzer eine vergleichbare

bedienungsfreundliche Anwendung wie bei einer Zentralheizung, doch erfreulicherweise mit den angenehmen Begleiterscheinungen eines Kachelofens.

Bild 107: Pelletsprimärofen

c) Die Solaranlage

Die Solaranlage fängt über so genannte Vakuum-Röhrenkollektoren die „kostenlose Energie" der Sonne ein. Dabei werden die Kollektoren von einem Spezialmedium durchflossen, das seine Energie über einen Wärmetauscher an den Speicher abgibt.

d) Die Speichereinheit

Die zentrale Einheit des David-Heizsystems ist der Systemspeicher. Hier laufen alle Energielieferanten zusammen auch die Kaltwasserzuführung. Die im Puffer gespeicherte Wärme wird über die

Heizkreispumpen an die angeschlossenen Wärmeträger und Brauchwasseranschlüsse verteilt.

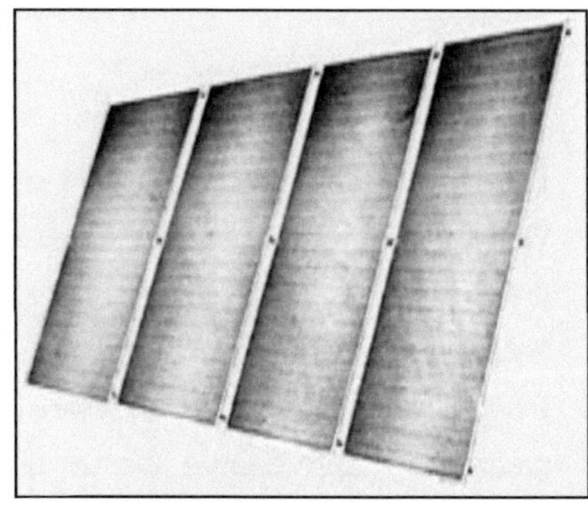

Bild 108: Solaranlage

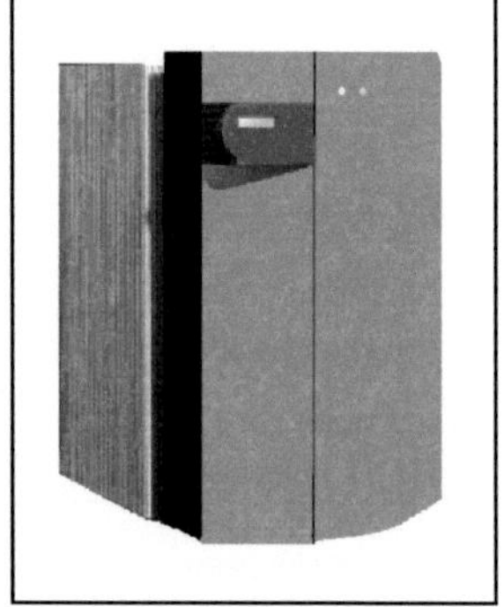

Bild 109: Speichereinheit

Bild 110: Speichereinheit

e) Die Wandheizung

Für Räume, die nicht direkt durch den Kachelofen beheizt werden, kann anstelle handelsüblicher Heizkörper auch eine Wand-Strahlungsheizung eingebaut werden. Diese Wand-Strahlungsheizung sorgt ebenfalls, wie der Kachelofen, für eine gesunde und wohltuende Strahlungswärme. Die Heizflächen können mit Hilfe eines Thermostats in jedem Raum individuell geregelt werden.

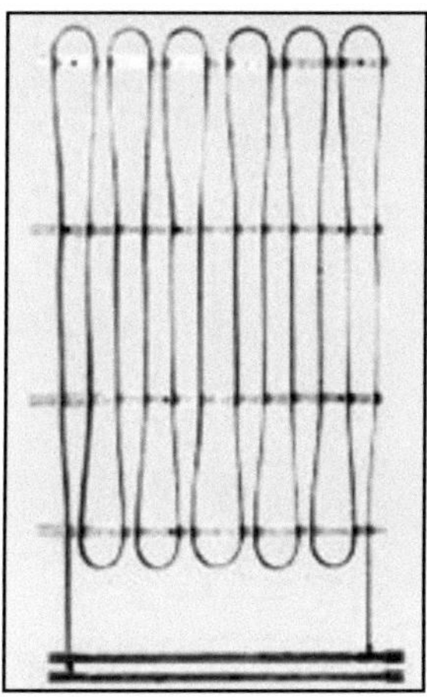

Bild 111: Wandheizung

Aus ökologischer Sicht ist diese Art ein Einfamilienhaus zu beheizen auf jeden Fall sinnvoll, weil hierbei ausschließlich regenerierbare Energien zum Einsatz kommen.

Leider ist ein David-System in der Anschaffung noch sehr teuer, aber dafür sind die laufenden Betriebskosten niedriger als bei Heizanlagen, die mit Öl oder Gas betrieben werden.

Bauherren versuchen verständlicherweise die Gesamt-baukosten ihres Hauses möglichst niedrig zu halten und entscheiden sich daher häufig für die herkömmliche Wärmeversorgung mit Öl oder Gas. Vielleicht könnten der momentan vorherrschende Preisanstieg der Energiekosten und die drohende Knappheit von Erdöl und Erdgas ein Umdenken bei der Planung von Heizsystemen, wie bereits in den siebziger Jahren, einläuten.

Wünschenswert wäre es, wenn die Konsequenz so aussehen würde, dass Bauherren ihr Haus ausschließlich mit regenerierbaren Energien beheizen. Ich könnte mir auch vorstellen, dass aufgrund steigender Nachfrage die Preise für ein „David-Heizsystem" sinken.

14. Bilderverzeichnis

1 http://www.fredimathys.ch 20.07.05

2 http://www.ofenkachel.at/produkte_ofenkachel_kachelserien.html 20.07.05

3 http://www.ignis.at/infos.htm 02.10.04

4 http://www.ignis.at/infos.htm 02.10.04

5 http://www.gutbrod-keramik.de 22.05.05

6 http://www.ignis.at/infos.htm 02.10.05

7 http://www.fredimathys.ch 20.07.05

8 http://www.ofenkachel.at/produkte_ofenkachel_kachelserien.html 20.07.05

9 http://www.gutbrod-keramik.de 22.05.05

10 http://www.kachelofen-schawerda.at/start1.htm 20.07.05

11 http://www.gutbrod-keramik.de 22.05.05

12 http://www.gutbrod-keramik.de 22.05.05

13 http://www.gutbrod-keramik.de 22.05.05

14 http://www.wasserwaermeluft.de/b2c/waerme/index.html 20.07.05

15 Wild: Selbst Öfen und Kamine bauen, München 2004. S. 57.

16 http://www.iwr.de/bio/holzpellets/ 20.07.05

17 http://www.europa-heizung.de/html/kachelofen.htm 20.07.05

18 http://www.europa-heizung.de/html/kachelofen.htm 20.07.05

19 Wild: Selbst Öfen und Kamine bauen, München 2004. S. 19

20 http://www.gutbrod-keramik.de 22.05.05

21 http://www.gutbrod-keramik.de 22.05.05

22 Wild: Selbst Öfen und Kamine bauen, München 2004. S. 81

23 http://cm.brunner.de 22.05.05

24 http://cm.brunner.de 22.05.05

25 Pfestdorf: Kachelöfen und Kamine handwerksgerecht gebaut, Berlin [6]2002. S. 77

26 http://www.cm.brunner.de 22.05.05

27 Pfestdorf: Kachelöfen und Kamine handwerksgerecht gebaut, Berlin [6]2002. S. 85

28 Privat

29 Privat

30 Privat

31 Privat

32 Privat

33 Privat

34 Privat

35 Privat

36 Privat

37 Privat

38 Privat

39 Privat

40 Privat

41 Privat

42 Privat

43 Wild: Selbst Öfen und Kamine bauen, München 2004. S. 47

44 http://www.ignis.at/infos.htm 02.10.04

45 http://www.strom-immobilien.de/w233.htm 20.07.05

46 http://www.ignis.at/infos.htm 02.10.04

47 http://cm.brunner.de 22.05.05

48 Wild: Selbst Öfen und Kamine bauen, München 2004. S. 31

49 Pfestdorf: Kachelöfen und Kamine handwerksgerecht gebaut, Berlin [6]2002. S. 117

50 Pfestdorf: Kachelöfen und Kamine handwerksgerecht gebaut, Berlin [6]2002. S. 118

51 Pfestdorf: Kachelöfen und Kamine handwerksgerecht gebaut, Berlin [6]2002. S. 118

52 http://cm.brunner.de 02.10.05

53 Pfestdorf: Kachelöfen und Kamine handwerksgerecht gebaut, Berlin [6]2002. S. 134

54 Wild: Selbst Öfen und Kamine bauen, München 2004. S. 23

55 Wild: Selbst Öfen und Kamine bauen, München 2004. S. 20

56 http://cm.brunner.de 20.07.05

57 http://www.1a-kachelofen.de 02.10.05

58 Wild: Selbst Öfen und Kamine bauen, München 2004. S. 21

59 http://www.ignis.at/infos.htm 02.10.04

60 http://cm.brunner.de 02.10.05

61 http://www.ignis.at/infos.htm 02.10.04

62 http://www.kachelofenwelt.de 19.09.05

63 http://cm.brunner.de 02.10.05

64 http://www.ignis.at/infos.htm 02.10.04

65 http://www.1a-kachelofen.de 02.10.05

66 http://www.1a-kachelofen.de 02.10.05

67 http://www.1a-kachelofen.de 02.10.05

68 http://www.1a-kachelofen.de 02.10.05

69 http://www.ignis.at/infos.htm 02.10.04

70 http://www.1a-kachelofen.de 02.10.04

71 http://cm.brunner.de 02.10.05

72 Wild: Selbst Öfen und Kamine bauen, München 2004. S. 43

73 Wild: Selbst Öfen und Kamine bauen, München 2004. S. 63

74 http://www.svevilla.de/2005/ferienhaus-hallinge.htm 20.07.05

75 Wild: Selbst Öfen und Kamine bauen, München 2004. S. 24

76 http://www.ignis.at/infos.htm 02.10.04

77 http://www.gutbrod-keramik.de 22.05.05

78 http://www.kachelofenwelt.de 19.09.05

79 http://www.biofire.de/kamine/12.shtml 20.07.05

80 http://www.ignis.at/infos.htm 02.10.04

81 http://www.ignis.at/infos.htm 02.10.04

82 Pfestdorf: Kachelöfen und Kamine handwerksgerecht gebaut, Berlin [6]2002. S. 34

83 Pfestdorf: Kachelöfen und Kamine handwerksgerecht gebaut, Berlin [6]2002. S. 27

84 Pfestdorf: Kachelöfen und Kamine handwerksgerecht gebaut, Berlin [6]2002. S. 44

85 Pfestdorf: Kachelöfen und Kamine handwerksgerecht gebaut, Berlin [6]2002. S. 43

86 Pfestdorf: Kachelöfen und Kamine handwerksgerecht gebaut, Berlin [6]2002. S. 43

87 Pfestdorf: Kachelöfen und Kamine handwerksgerecht gebaut, Berlin [6]2002. S. 43

88 http://www.kaminofen-shop.de 20.07.05

89 Pfestdorf: Kachelöfen und Kamine handwerksgerecht gebaut, Berlin [6]2002. S. 45

90 Pfestdorf: Kachelöfen und Kamine handwerksgerecht gebaut, Berlin [6]2002. S. 51

91 http://www.ofen.edingershops.de/accessoires/funkenschutzgitter 20.07.05

92 http://www.ofen.edingershops.de/accessoires/funkenschutzgitter 20.07.05

93 http://www.alraundesign.de 20.07.05

94 http://www.elektrokamin.com 20.07.05

95 http://cm.brunner.de 20.07.05

96 http://www.ignis.at/infos.htm 02.10.04

97 http://www.ignis.at/infos.htm 02.10.04

98 http://www.kachelofen-schawerda.at/start1.htm 20.07.05

99 http://www.kamin-design.com 20.07.05

100 http://www.hagos.de/kachelofen.9.0.html 20.07.05

101 http://www.biofire.de/kamine/12.shtml 20.07.05

102 http://www.kachelofen-schawerda.at/start1.htm 20.07.05

103 http://www.gutbrod-keramik.de 22.05.05

104 http://www.gutbrod-keramik.de 22.05.05

105 Arbeitsgemeinschaft der deutschen Kachelofenwirtschaft e.V.: Das Kachelofenbuch -
Heizen in seiner schönsten Form - Alles über Kachelöfen und Kamine, „o. O." „o. J." S. 4

106 http://www.der-ofenbaumeister.de/pictures/primaerofen-kessel 20.07.05

107 http://cm.brunner.de 22.05.05

108 http://www.ofenbau-des-bruederhauses.de/vollheizen/vollheizen.htm 30.05.05

109 http://www.der-ofenbaumeister.de/kremer-dze.htm 30.05.05

110 http://www.der-ofenbaumeister.de/kremer-dze.htm 30.05.05

111 http://www.ofenbau-des-bruederhauses.de/vollheizen/vollheizen.htm 30.05.05

15. Literaturverzeichnis

- Hans Grohmann: Kachelofen und Kamin, München [2]1954, neu bearbeitete und erweiterte Auflage
- Fritz R. Barran: Der offene Kamin, Stuttgart [3]1972, zweite Folge
- Heinrich Hebgen: Ratgeber Kachelöfen - Technischer Aufbau, Betrieb, Gestaltung, Braunschweig 1980
- Karl Heinz Pfestorf: Kachelöfen handwerksgerecht gebaut - Ofenkonstruktion, Schornsteinlehre, Wärmeregelung für Einzelöfen und Kachelofen-Luftheizung, Berlin 1982
- Josef Mittermayer: Der offene Kamin, Mindelheim 1985
- Christian Madaus, Nikolaus Henhapl: Der Kachelgrundofen - Planung, Konstruktion und Aufbau, Waiblingen [5]1994
- Bernd Grützmacher: Kachelofenbau - Kamin- u. Steinöfen, Kachelofen, Flächenheizsysteme, München 1996
- Otto Ernst Fischer, Günther Schoppenhauer: Hausschornsteine – Funktion, Bauausführung, Instandhaltung, Wiesbaden 1996
- Thomas Schiffert: Kachelofen 2000, Wien 1996
- Karl Heinz Pfestdorf: Kachelöfen und Kamine handwerksgerecht gebaut, Berlin [6]2002
- Bernd Grützmacher: Kachelofenbau - Neue Entwürfe, Modelle und Bauabläufe, München 2002
- Rainer Langenbucher, Klaus Klammer: Kamine und Kachelöfen, Fellbach 2003
- Bernd Grützmacher: Kaminbau - Neue Entwürfe, Modelle und Bauabläufe, München 2003
- Gerhard Wild: Selbst Öfen und Kamine bauen, München 2004
- Arbeitsgemeinschaft der deutschen Kachelofenwirtschaft e.V.: Das Kachelofenbuch - Heizen in seiner schönsten Form - Alles über Kachelöfen und Kamine, „o. O." „o. J."
- Glöckel: Die Kachel, „o. O." „o. J."

Verordnungen:

- Verordnung über Feuerungsanlagen, Anlagen zur Verteilung von Wärme und Brauchwasseranlagen (FeuVO) vom Januar 1980 Muster-Feuerungsverordnung (MFeuVO) Fassung vom 24.2.1995

- Erste Verordnung zur Durchführung des Bundesimmissionsgesetzes (1.BImSchV) vom Februar 1979
- Verordnung über Kleinfeuerungsanlagen vom Juli 1988

Normen:

- DIN 4102, Brandverhalten von Baustoffen und Bauteilen

  -Teil 6, Lüftungsleitungen, Begriffe, Anforderungen und Prüfungen, September 1977

- DIN 4701, Teil 1 und 2, Regeln für die Berechnung des Wärmebedarfs von Gebäuden, März 1983

- DIN 4705, Berechnung von Schornsteinabmessungen

  -Teil 1, Feuerungstechnische Berechnung von Schornsteinabmessungen, Begriffe, ausführliche Berechnungsverfahren, Oktober 1993

  -Teil 2, Näherungsverfahren für einfach belegte Schornsteine, September 1979

  -Teil 3, Näherungsverfahren für mehrfach belegte Schornsteine, Juli 1984

- DIN 18150, Baustoffe und Bauteile für Hausschornsteine

  -Teil 1, Formstücke aus Leichtbeton, Einschalige Schornsteine, Anforderungen, September 1979

  -Teil 2, Einschalige Schornsteine, Prüfung und Überwachung, Februar 1987

- DIN 18160, Hausschornsteine

  -Teil 1, Anforderungen, Planung und Ausführung, Februar 1987

  -Teil 2, Verbindungsstücke, Anforderungen, Planung und Ausführung, Mai 1989

  -Teil 5, Einrichtungen für Schornsteinfegerarbeiten, April 1981

- DIN 18890, Dauerbrandöfen für feste Brennstoffe, September 1990

- DIN 18891, Kaminöfen für feste Brennstoffe, August 1984

- DIN 18892, Dauerbrand-Heizeinsätze für feste Brennstoffe,

  -Teil 1, Verfeuerung von Kohle, April 1985

  -Teil 2, Verfeuerung von Holz, Oktober 1989

- DIN 18893, Raumheizvermögen von Einzelfeuerstätten, Näherungsverfahren zur Ermittlung der Feuerstättengröße, August 1987

- DIN 18895, Feuerstätten für feste Brennstoffe

  -Teil 1, zum Betrieb mit offenem Feuerraum (offene Kamine), Anforderungen, Aufstellung und Betrieb, August 1990

  -Teil 2, Prüfung und Registrierung, August 1990

Internetseiten:

- http://www.kachelofenwelt.de 19.09.2004
- http://www.rp-online.de 02.10.2004
- http://www.hagos.de 04.05.2005
- http://www.politikforum.de 15.05.2005
- http://www.der-ofenbaumeister.de 30.05.2005